WTF Solidity

智能合约教程（入门篇）

0xAA　编著

科学出版社

北京

内 容 简 介

区块链技术和智能合约已深深改变数字生活的格局,正引领我们走向一个更加去中心化、公开透明的世界。Solidity作为最重要的智能合约编程语言,在这次技术变革中的重要性不言而喻。本书旨在帮助读者快速掌握这门语言,开启Web开发之旅。

本书内容源自GitHub上发布的"WTF Solidity教程",丰富且实用,用通俗易懂的语言描述Solidity的基础知识,通过实例和代码示例,深入浅出地介绍Solidity编程的关键概念,以及智能合约的优化、安全等高级主题,让读者能够编写出更安全、更高效的智能合约。

本书可作为高等院校计算机、软件工程、大数据、人工智能等专业师生的参考用书,也可供区块链应用程序开发人员参考使用。

图书在版编目(CIP)数据

WTF Solidity智能合约教程.入门篇/0xAA编著.—北京:科学出版社,2023.8

ISBN 978-7-03-075888-0

Ⅰ.① W… Ⅱ.① 0… Ⅲ.① 区块链技术-教材 Ⅳ.① TP311.135.9

中国版本图书馆CIP数据核字(2023)第116703号

责任编辑:杨 凯/责任制作:周 密 魏 谨
责任印制:师艳茹/封面设计:杨安安
北京东方科龙图文有限公司 制作

科学出版社 出版
北京东黄城根北街16号
邮政编码:100717
http://www.sciencep.com

北京汇瑞嘉合文化发展有限公司 印刷
科学出版社发行各地新华书店经销

*

2023年8月第 一 版 开本:787×1092 1/16
2023年8月第一次印刷 印张:12
字数:215 000

定价:68.00元
(如有印装质量问题,我社负责调换)

序

自信息革命以来，互联网发生了深远的变化。在Web1时代，我们依据"所见即所得"的原则，将数据和知识共享于网络。Web2时代则采用"所荐即所得"的模式，通过用户行为的积累和推荐算法，中心化数据厂商实现了信息与人的高效匹配。然而，随着区块链技术的突破，我们迎来了Web3时代。在这个时代中，"所建即所得"成为核心，区块链技术使数据所有权得以重新回归个人，并且拥有了永久存储数据的能力，让参与建设的人成为数据所有权拥有者。

在这样的技术革新过程中，学习并掌握新技术，对于每个互联网用户来说，显得尤为重要。在区块链世界里，"Code is Law"，而Solidity就是创造这部"法律"的文字。因此，理解和掌握Solidity等于拿到了通向区块链世界的钥匙。然而，当我最初接触并开始学习Web3和Solidity的时候，互联网上几乎没有可供参考的中文教程，大部分资料都是英文的，这使得我必须一边学习，一边做大量的中文笔记。

在这个过程中，我偶然在GitHub上发现了WTF Solidity教程。这是由0xAA在开源社区GitHub上进行连载的教程，他以每周更新1~3讲的速度不断发布新知识。这个教程深入浅出，既有基础的知识讲解，又结合实际案例进行知识点的拓展，极大程度地提高了新手学习的进度，帮助我们更好地掌握这门语言。

免费和开源的特性使得WTF Solidity得以借助开源社区的力量快速发展。自2021年6月开始，我为WTF Solidity提供教程投稿，那时候它只有不到100的star。我一边学习，一边投稿，与0xAA一起完成了早期教程的建设，主要包括Solidity和Ethers.js的内容。如今，已有越来越多的人参与进来贡献教程。截至我写下这篇序的时候，WTF Solidity已经有7000+star和100多名开源贡献者，使WTF系列教程成为一个非常受欢迎的区块链教程，我期待着WTF能成为中文圈中最好的Web3开源课程。

作为一名互联网世界的学习者，我深感互联网和开源社区的力量无比强大。我大部分的知识都是从互联网获取的，所以我也希望能在这个开放的平台上贡献出自己的一份力量。我选择加入WTF系列教程的编写团队，并与所有贡献者一起，实现教学相长，不断总结，不断进步。

与区块链技术的核心精神——去中心化、开放透明、共识决策相契合，WTF的创作方式打破了传统的教程制作模式，我们通过GitHub这个开放的平台，让所有人都能参与到教程的创作中来，每一个人都有机会对教程进行修改和增加内容，所有的改动都公开透明，让所有的参与者都能看到。这就是我们的共识——我们一起创造，一起分享，一起学习，一起成长。

我深信，WTF今天的成就，是所有WTF贡献者和参与者共同的荣耀。让我们一起学习，一起分享，一起成长。因为只有通过我们共同的努力，才能推动WTF生态的发展，帮助更多的人通过学习Solidity，打开通往区块链世界的大门。

现在，让我们开始吧，走进Web3，走进区块链，走进Solidity的世界。带着去中心化的精神，带着对开放性和透明性的追求，带着共识的决心，我们共同开创一个全新的学习生态。

EasyPlux

浙江

2023年5月18日

前　言

在历史的长河中，每一次技术革命都带来了新的可能性和新的挑战，像一颗石子投入平静的湖面，引发出层层涟漪，最终改变世界的面貌。今天，我们正处于这样一次技术革命的浪潮中。就像当年的因特网一样，区块链技术（Web3）正在重塑我们的数字生活，改变我们的经济模式，甚至可能改变我们的生产结构。Web3的核心技术之一——智能合约，更是作为这场变革的主角，将在未来无数的应用中发挥着重要作用。

Solidity，作为一种专门为以太坊平台设计的智能合约语言，在Web3世界中的重要性不言而喻。当我第一次接触到Solidity时，我被其独特的设计理念所吸引，也为它的复杂性所困惑。2020年，PKU Blockchain组织同学们参加黑客松时，我开始查找Solidity的学习资源，但却发现中文的Web3技术教程非常缺乏，大部分没有得到很好的维护，代码跑不通，版本过时。即便是英文的Solidity教程，由浅入深、系统性的教程也非常少。这种情况让我产生了一个想法：我能否自己编写一份Solidity教程，分享我在学习过程中的心得体会，帮助更多的人掌握这门语言？

于是，"WTF Solidity教程"应运而生。这份教程最初是作为一个开源项目在GitHub上发布的。在编写这份教程时，我尽量使用简洁的语言，结合实例和代码，将我对Solidity的理解分享给大家。我希望这份教程能够帮助你解决学习过程中遇到的问题，帮助你快速掌握这门语言，开启你的Web开发之旅。

随着时间的推移，这个项目的影响力已远超我的预期。至今，"WTF Solidity教程"已连载70多讲，在GitHub上获得7000+star，更有超过100名贡献者参与其中。这些成就背后，离不开WTF Academy社区每一个成员的努力。他们通过提交问题，改进教程，提供反馈，让这个项目得以不断完善，不断进步。这让我深深感到，社区的力量是无穷的。在此，我要感谢每一个参与这个项目的人，是你们让"WTF Solidity教程"成为最有影响力的Solidity开源项目之一。

为了进一步帮助社区的开发者，我们基于WTF Solidity教程建立了一个开源学习平台:https://wtf.academy，这里提供了丰富的开源教程供大家学习，并配有练习题，帮助大家测试学习进展。在通过所有测试后，你可以领取链上技能证书。这是我们对开放学习、开放知识的承诺，也是我们对推动Web3技术发展的小小贡献。

现在，我非常高兴能够将"WTF Solidity教程"的前30讲出版成书。这意味着更多的人可以接触到Solidity，理解和掌握这门语言，加入到Web3的大潮中，掌握这个全新世界的钥匙。

祝你在阅读本书的过程中学有所获!

0xAA

海南

2023年6月19日

目　录

第 28 讲　哈希函数

第 29 讲　函数选择器

第 30 讲　捕获异常

附录 A　ERC20 代币标准和实现

附录 B　贡献者名单

第1讲
从Hello Web3开始

1.1 Solidity简述

Solidity 是以太坊虚拟机（EVM）智能合约的语言。同时，笔者认为 Solidity 是熟练操作区块链相关项目必备的技能：区块链项目大部分是开源的，用户如果能读懂代码，就可以规避很多质量较差的项目。

Solidity 具有如下两个特点：

（1）面向智能合约：Solidity 提供了丰富的智能合约功能，包括状态变量（用于存储合约状态）、函数（用于定义合约的行为），事件（用于与外部应用程序通信）和修饰器（用于修改函数的行为）等，这些功能使得开发人员能够编写强大的智能合约。

（2）静态类型：Solidity 是静态类型语言，每个变量的类型都需要在编译器确定，这有助于在编程阶段发现错误。

1.2 开发工具: remix

本教程中，笔者使用 remix 来运行 Solidity 合约。remix 是以太坊官方推荐的智能合约开发 IDE（集成开发环境），适合新手，可以在浏览器中快速开发和部署合约，而不需要在本地安装任何程序。remix 的网址如下：

https://remix.ethereum.org

图 1.1 显示了 remix 开发环境的一部分面板。进入 remix，我们可以看到最左边的菜单有一系列按钮，其中主要有"文件"（文件浏览器界面，在此添加和编写 Solidity 合约程序）、"编译"（将合约编译成可运行的格式）、"部署"（部署到区块链上）等按钮。

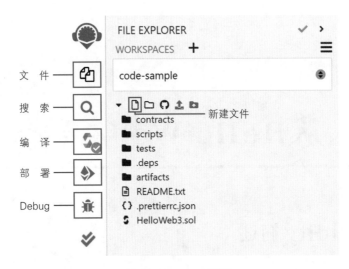

图 1.1　remix面板

在文件浏览器界面点击"新建文件"（Create New File）按钮，就可以创建一个空白的 Solidity 合约文件。

1.3　第一个 Solidity 程序

很简单，只有1行注释 + 4行代码：

```
1 // SPDX-License-Identifier: MIT
2 pragma solidity ^0.8.4;
3 contract HelloWeb3{
4     string public _string = "Hello Web3!";
5 }
```

我们拆开分析，学习 Solidity 代码源文件的结构：

（1）第1行是注释，其中标明这个代码所用的软件许可证（license），这里用的是 MIT 许可证，也是 Solidity 合约默认使用的开源许可证。如果不写许可，编译时会警告（warning），但程序可以运行。Solidity 的注释由"//"开头，后面跟注释的内容（不会被程序运行）。

```
1 // SPDX-License-Identifier: MIT
```

（2）第2行声明源文件所用的 Solidity 版本，因为不同版本语法有差别。

这行代码的意思是源文件将不允许小于 0.8.4 版本或大于等于 0.9.0 的编译器编译（第二个条件由 "^" 提供）。Solidity 语句以分号 ";" 结尾。

```
2 pragma solidity ^0.8.4;
```

（3）第 3~5 行是合约部分，第 3 行创建合约（contract），并声明合约的名字为 HelloWeb3。第 4 行是合约的内容，我们声明了一个 string（字符串）类型的变量 "_string"，并给它赋值 "Hello Web3!"。

```
3 contract HelloWeb3{
4     string public _string = "Hello Web3!";
5 }
```

在后面的内容中，我们将会详细介绍 Solidity 中的变量。

1.4　编译并部署代码

在 remix 开发环境下，点击图 1.1 所示界面左侧的 "编译" 按钮，或者按 Ctrl+S 就可以编译代码，非常方便。

编译好之后，点击 "部署" 按钮进入部署界面，如图 1.2 所示。

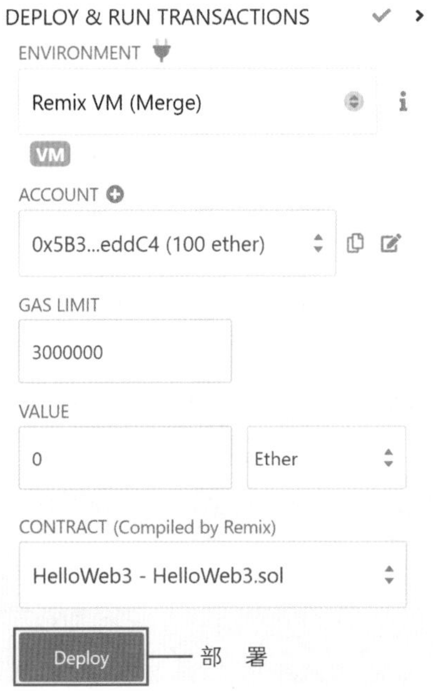

图 1.2　Solidity 合约的部署设置界面

在默认情况下，remix 会用 JavaScript 虚拟机来模拟以太坊区块链，运行智能合约，相当于在浏览器里直接运行一条测试链。另外，remix 会分配若干个测试账户用于测试合约的运行，每个账户里面有额度为 100 ETH 的测试代币，供用户自由使用以测试合约代码（不会进入实际的交易流程）。点击图 1.2 所示界面中的"Deploy"（黄色按钮），就可以部署刚才写好的合约了。

部署成功后，在部署界面的下方会看到名为 HelloWeb3 的合约，如图 1.3 所示。点击"_string"，就能看到我们代码中写的"Hello Web3!"了。

图 1.3　部署成功后查看 Solidity 合约的运行结果

1.5　总　结

作为全书的开篇，这一讲中我们简单介绍了 Solidity 和 remix 工具，并完成了第一个 Solidity 程序——Hello Web3。下面我们将继续 Solidity 旅程！

第 **2** 讲
值类型

Solidity 语言中的变量类型主要包括以下三种：

（1）值类型（value type）：包括布尔型和整型等。这类变量在赋值的时候直接传递数值。

（2）引用类型（reference type）：包括数组和结构体。这类变量占用的存储空间较大，在赋值的时候直接传递变量的地址（类似 C 语言中的指针）。

（3）映射类型（mapping type）：Solidity 中存储键值对的数据结构，可以理解为哈希表。

这一讲我们将介绍值类型。

2.1 布尔型

布尔型是二元变量，取值为 true 或 false。

```
1 // 布尔值
2 bool public _bool = true;
```

布尔值的运算符包括如下几种：

（1）!（逻辑非）。

（2）&&（逻辑与，"and"）。

（3）||（逻辑或，"or"）。

（4）==（等于）。

（5）!=（不等于）。

例如，接着上一段代码，借助 _bool 变量定义一个新的布尔型变量 _bool1，并进行运算：

```
1  // 布尔运算
2  bool public _bool1 = !_bool; //取非
3  bool public _bool2 = _bool && _bool1; //与
4  bool public _bool3 = _bool || _bool1; //或
5  bool public _bool4 = _bool == _bool1; //相等
6  bool public _bool5 = _bool != _bool1; //不相等
```

以上代码中，变量 _bool 的取值是 true。_bool1 是 _bool 进行逻辑非运算的结果，为 false。_bool && _bool1 的运算结果为 false。_bool || _bool1 的运算结果为 true。_bool == _bool1 的运算结果为 false。_bool != _bool1 的运算结果为 false。

读者可在部署合约后检验这些变量的结果，如图 2.1 所示。

```
1  // SPDX-License-Identifier: MIT
2  pragma solidity ^0.8.4;
3  contract ValueTypes{
4      // 布尔值
5      bool public _bool = true;
6      // 布尔运算
7      bool public _bool1 = !_bool; //取非
8      bool public _bool2 = _bool && _bool1; //与
9      bool public _bool3 = _bool || _bool1; //或
10     bool public _bool4 = _bool == _bool1; //相等
11     bool public _bool5 = _bool != _bool1; //不相等
12
13
14     // 整型
15     int public _int = -1;
16     uint public _uint = 1;
17     uint256 public _number = 20220330;
18     // 整型运算
19     uint256 public _number1 = _number + 1; // +, -, *, /
```

图 2.1 Solidity 中的布尔变量及其运算

注意：&& 和 || 两个运算符的机制和其他许多语言中的类似，遵循所谓"短路规则"。这意味着，假设有一个形式为 f(x)||g(y) 的表达式，如果

f(x) 的结果是 true，那么 g(y) 不会被计算，即使它和 f(x) 的结果是相反的。

2.2 整 型

整型是 Solidity 中用来表示整数的类型。与 C 语言类似，包括能表示带符号整数的 int 类型和无符号整数的 uint 类型。除此之外，Solidity 还支持表示不同数据长度的一系列整数类型，从 8 位、16 位、24 位一直到 256 位有符号和无符号整数。

```
1  // 整型
2  int public _int = -1;  // 整数，包括负数
3  uint public _uint = 1;  // 正整数
4  uint256 public _number = 20220330;  // 256位正整数
```

在 Solidity 中，因为 256 位整数是最常用的整数类型，所以默认的有符号整数类型 int 和无符号整数类型 uint 的长度都是 256 位。事实上，它们分别是 int256 和 uint256 两种类型的别名。

常用的整型运算符包括：

（1）比较运算符（返回布尔值）：<=，<，==，!=，>=，>。

（2）算数运算符：+，-，*，/，%（取余），**（幂）。

以下代码是一些整型运算符的使用示例：

```
1  // 整型运算
2  uint256 public _number1 = _number + 1;  // +, -, *, /
3  uint256 public _number2 = 2**2;  // 指数
4  uint256 public _number3 = 7 % 2;  // 取余数
5  bool public _numberbool = _number2 > _number3;  // 比大小
```

读者不妨推断一下代码中几个变量的值，然后编译并部署运行一下，验证自己的想法，并与图 2.2 所示的结果比较。

```
      _number               14   // 整型
                            15   int public _int = -1;
    0: uint256: 20220330    16   uint public _uint = 1;
                            17   uint256 public _number = 20220330;
      _number1              18   // 整型运算
                            19   uint256 public _number1 = _number + 1; // +, -, *, /
    0: uint256: 20220331    20   uint256 public _number2 = 2**2; // 指数
                            21   uint256 public _number3 = 7 % 2; // 取余数
      _number2              22   bool public _numberbool = _number2 > _number3; // 比大小
                            23
    0: uint256: 4           24
                            25   // 地址
      _number3              26   address public _address =
                            27       0x7A58c0Be72BE218B41C608b7Fe7C5bB630736C71;
    0: uint256: 1           28   // payable address, 可以转账、查余额
                            29   address payable public _address1 = payable(_address);
      _numberbool

    0: bool: true
```

图 2.2 Solidity 中的整型变量及其运算

2.3 地 址

地址（address）分为以下两类：

（1）普通地址（address）：存储一个 20 字节的值（长度为以太坊地址的长度）。

（2）付款地址（payable address）：比普通地址多了 `transfer` 和 `send` 两个成员方法，用于接收转账。

我们会在之后的内容里更加详细地介绍地址。

相关的代码如下：

```
1  // 地址
2  address public _address =
3      0x7A58c0Be72BE218B41C608b7Fe7C5bB630736C71;
4  // payable address, 可以转账、查余额
5  address payable public _address1 = payable(_address);
6  // 地址成员
7  uint256 public balance = _address1.balance; // balance
       of address
```

2.4 字节数组

字节数组（bytes）有以下两种：

（1）定长字节数组：属于值类型，根据每个元素存储数据的大小分为 bytes1、bytes2、…、bytes32 等一系列类型。每个元素最多存储 32 字节的数据。数组长度在声明之后不能改变。

（2）不定长字节数组：属于引用类型，数组长度在声明之后可以改变，包括 bytes 等，后面会详细介绍。

相关的代码如下：

```
1  // 定长字节数组
2  bytes32 public _byte32 = "MiniSolidity";
3  bytes1 public _byte = _byte32[0];
```

上述代码将数据"MiniSolidity"的字节码存入变量 _byte32。如果把它转换成 16 进制，可表示为：

```
0x4d696e69536f6c696469747900000000000000000000000000
   0000000000000000
```

_byte 变量的值为 _byte32 的第一个字节，即 0x4d。

2.5 枚　举

枚举（enum）是 Solidity 中用户定义的数据类型。它主要用于为 uint 类型的值分配名称，使程序易于阅读和维护。它与 C 语言中的 enum 类型类似，使用名称来代表一系列从 0 开始的 uint 类型的值：

```
1  // 用 enum 将 uint 0, 1, 2表示为 Buy, Hold, Sell
2  enum ActionSet { Buy, Hold, Sell }
3  // 创建 enum 变量 action
4  ActionSet action = ActionSet.Buy;
```

枚举可以显式地和 uint 类型相互转换。从正整数转换到枚举时，Solidity 会检查转换的正整数是否在枚举的长度内，不然会报错：

```
1  // enum 可以和 uint 显式地转换
2  function enumToUint() external view returns(uint){
3     return uint(action);
4  }
```

图 2.3 显示了用以上代码定义枚举变量和转换到整数的结果。

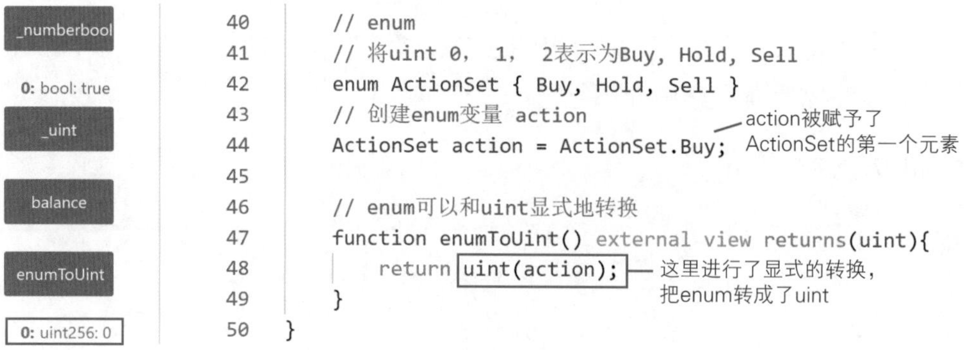

```
_numberbool

0: bool: true

_uint

balance

enumToUint

0: uint256: 0
```

```
40        // enum
41        // 将uint 0, 1, 2表示为Buy, Hold, Sell
42        enum ActionSet { Buy, Hold, Sell }
43        // 创建enum变量 action                    action被赋予了
44        ActionSet action = ActionSet.Buy;         ActionSet的第一个元素
45
46        // enum可以和uint显式地转换
47        function enumToUint() external view returns(uint){
48            return uint(action);      这里进行了显式的转换，
49        }                             把enum转成了uint
50  }
```

图 2.3　Solidity 枚举变量的定义、赋值和转换

改变代码中 action 变量的值，重新编译并部署后，结果如图 2.4 所示。

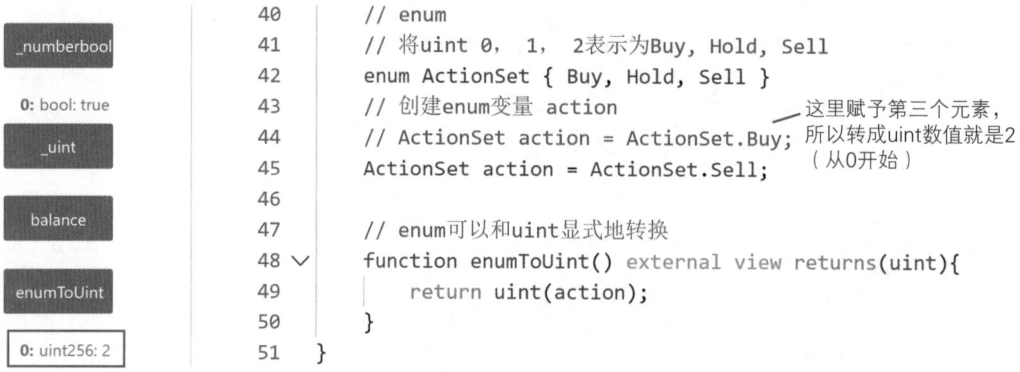

```
_numberbool

0: bool: true

_uint

balance

enumToUint

0: uint256: 2
```

```
40        // enum
41        // 将uint 0, 1, 2表示为Buy, Hold, Sell
42        enum ActionSet { Buy, Hold, Sell }
43        // 创建enum变量 action                     这里赋予第三个元素，
44        // ActionSet action = ActionSet.Buy;       所以转成uint数值就是2
45        ActionSet action = ActionSet.Sell;        （从0开始）
46
47        // enum可以和uint显式地转换
48        function enumToUint() external view returns(uint){
49            return uint(action);
50        }
51  }
```

图 2.4　改变枚举变量的值并查看转换后的结果

相比于其他变量类型，枚举是一个相对"冷门"的类型，使用的场景较少。

2.6　总　结

这一讲我们介绍了 Solidity 中主要的三种变量类型，并详细介绍了值类型中的布尔型、整型、地址、定长字节数组和枚举。在接下来的内容中，我们会逐步介绍其他的一些变量类型。

第 **3** 讲

函 数

3.1 Solidity 中的函数

Solidity 语言的函数非常灵活，可以进行各种复杂操作，这一讲我们将概述函数的基础概念，通过一些示例演示如何使用函数。

我们先看一下 Solidity 中函数的形式：

```
function <function name>(<parameter types>)
    {internal|external|public|private}
    [pure|view|payable] [returns (<return types>)]
```

看着有一些复杂，让我们从前往后一个一个解释（方括号中的是可写可不写的关键字）：

（1）function：声明函数时的固定用法。在 Solidity 中书写一个函数必须以 function 关键字开头。

（2）<function name>：函数名。

（3）(<parameter types>)：圆括号里填写函数的参数，也就是要输入到函数中的变量类型和名称。

（4）{internal|external|public|private}：用于声明函数可见性的关键字，一共4种。

- public：合约的内部和外部均可见。

- private：只能从合约内部访问，继承的合约不能使用。

- external：只能从合约外部访问（但是可以用 this.f() 来调用，f 是函数名）。

　　• `internal`：只能从合约内部访问，继承的合约可以使用。

　　注1：合约中定义的函数需要明确指定可见性，它们没有默认值。

　　注2：`public|private|internal` 也可以用来修饰状态变量。`public` 变量会自动生成同名的 getter 函数，用于查询数值。

　　注3：没有标明可见性类型的状态变量，默认为 `internal`。

　　（5）`[pure|view|payable]`：声明函数权限或功能的关键字。其中 `payable`（可支付的）很好理解，声明了这个关键字的函数，运行的时候可以给合约转入 ETH。另外两个关键字 `pure` 和 `view` 的介绍见下一节。

　　（6）`[returns ()]`：函数返回的变量类型和名称。

3.2　到底什么是 pure 和 view？

　　笔者刚开始学习 Solidity 的时候，一直不理解 `pure` 和 `view` 关键字的意义，因为别的语言没有类似的关键字。笔者个人的理解是，Solidity 加入的这两个关键字，与区块链的所谓 gas fee（"汽油费"，含义为在链上交易时支付的手续费）有关。

　　合约的状态变量存储在链上，gas fee 的代价很高，如果不改变链上状态，就不用支付 gas fee。合约中使用 `pure` 和 `view` 关键字声明的函数不会改写链上状态，因此用户直接调用它们时不需要支付 gas fee。反之，合约中没有用 `pure` 或 `view` 关键字声明的函数，用户调用时会改写链上状态，需要支付 gas fee。

　　在以太坊区块链中，以下语句被视为修改链上状态：

　　（1）写入状态变量。

　　（2）释放事件。

　　（3）创建其他合约。

　　（4）使用 `selfdesctruct`。

　　（5）通过调用发送 ETH。

　　（6）调用任何未使用 `view` 或 `pure` 关键字声明的函数。

（7）使用底层调用（low-level calls）。

（8）使用包含某些操作码的内联汇编。

我们总结一下用 pure 和 view 关键字声明的函数所拥有的权限，按权限从低到高排列：

- 用 pure 关键字声明的函数对链上的状态变量不能读写。

- 用 view 关键字声明的函数能读取但不能写入状态变量。

- 默认写法，即既不用 pure 也不用 view 关键字声明的函数能够自由读取和写入状态变量。

3.3 代码实现

1. 测试 pure 和 view 关键字的区别

我们在合约里定义一个状态变量 number，令其初始值为 5。

```
1  // SPDX-License-Identifier: MIT
2  pragma solidity ^0.8.4;
3  contract FunctionTypes{
4      uint256 public number = 5;
5  }
```

定义一个 add() 函数，每次调用使得 number 的值加 1。

```
1  // 默认权限
2  function add() external{
3      number = number + 1;
4  }
```

如果 add() 函数包含了 pure 关键字，形如 function add() pure external，就会报错。因为 pure 关键字声明的函数权限最低，不具有读取和改写状态变量的权限。那么 pure 函数能做什么？举个例子，用户可以给 pure 函数传递一个参数 _number，让它返回 _number + 1 的结果：

```
1  // pure 权限
2  function addPure(uint256 _number) external pure
3       returns(uint256 new_number){
4       new_number = _number + 1;
5  }
```

如果 add() 函数包含了 view 关键字，形如 function add() view external，也会报错，因为 view 关键字声明的函数能读取但不能改写状态变量。可以稍微改写一下函数，让它不改变 number，而是返回一个新的变量：

```
1  // view 权限
2  function addView() external view
3       returns(uint256 new_number){
4       new_number = number + 1;
5  }
```

我们不妨对比一下这两个函数在合约中运行的结果，如图 3.1 所示。其中 pure 函数要求我们输入一个参数才能得到运行结果。而 view 函数能够读取状态变量 number 并直接返回结果。

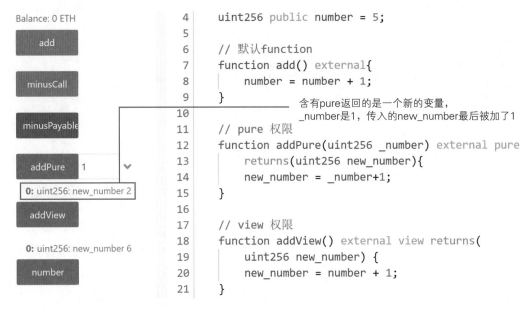

图 3.1　pure 和 view 关键字声明的函数运行结果

2. 测试 internal 和 external 关键字的区别

我们定义一个 internal 的 minus() 函数，每次调用使得 number 变量减 1。由于声明了 internal 关键字，只能由合约内部调用。因此我们必须再定义一个 external 的 minusCall() 函数，来间接调用内部的 minus() 函数：

```
1  // internal: 内部
2  function minus() internal {
3      number = number - 1;
4  }
5
6  // 合约内的函数可以调用内部函数
7  function minusCall() external {
8      minus();
9  }
```

运行结果如图 3.2 所示，调用一次 minusCall() 函数后，环境变量 number 的值从 5 变成了 4。

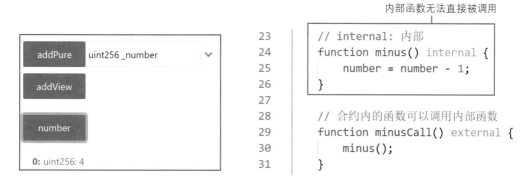

图 3.2　声明了 internal 和 external 关键字的函数运行结果

3.4　测试 payable 关键字声明的函数

我们定义一个 external payable 的 minusPayable() 函数，间接调用 minus() 函数，并且返回合约里的 ETH 余额（this 关键字可以让我们引用合约地址）。

```
1   // payable: 可向合约中转入 ETH
2   function minusPayable() external payable
3       returns(uint256 balance) {
4       minus();
5       balance = address(this).balance;
6   }
```

在部署合约后，调用函数以前，先向合约转入 1 个 ETH，如图 3.3 所示。

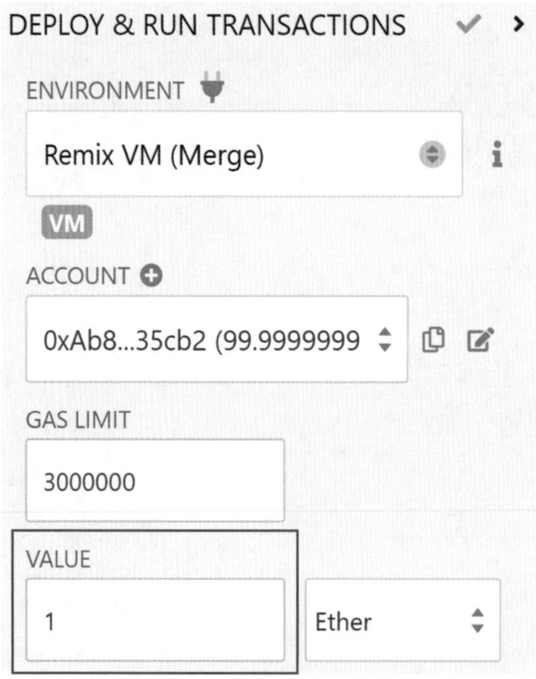

图 3.3　向合约转入 1 ETH

如图 3.4 所示，调用 minusPayable() 函数后，状态变量 number 的值从初始的 5 变为 4，同时合约的余额（balance）变为 1 ETH。

minusPayable() 函数的返回结果不会显示在按钮下方。我们可以在代码下方的控制台窗口找到函数调用的相关日志信息，如图 3.5 所示。函数的返回值 balance 为 1 000 000 000 000 000 000，代表 1 ETH，其中的原因我们将在第 5 讲详细解释。

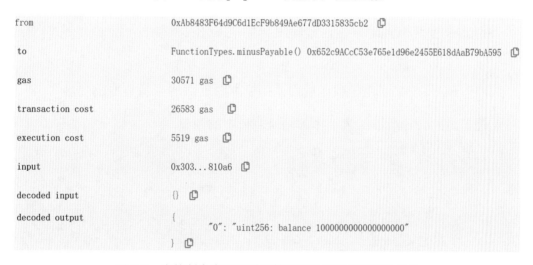

```
23    // internal: 内部
24    function minus() internal {
25        number = number - 1;
26    }
27
28    // 合约内的函数可以调用内部函数
29    function minusCall() external {
30        minus();
31    }
32
33    // payable: 可向合约中转入 ETH
34    function minusPayable() external payable
35        returns(uint256 balance) {
36        minus();
37        balance = address(this).balance;
38    }
39 }
```

Balance: 1 ETH

add

minusCall

minusPayable

addPure   uint256 _number

addView

number

0: uint256: 4

图 3.4 调用 payable 关键字声明的函数

from	0xAb8483F64d9C6d1EcF9b849Ae677dD3315835cb2
to	FunctionTypes.minusPayable() 0x652c9ACcC53e765e1d96e2455E618dAaB79bA595
gas	30571 gas
transaction cost	26583 gas
execution cost	5519 gas
input	0x303...810a6
decoded input	{}

decoded output	{
	      "0": "uint256: balance 1000000000000000000"
	}

图 3.5 在控制台窗口查看函数调用的返回值等相关信息

3.5 总 结

这一讲中介绍了 Solidity 的函数类型，其中比较难理解的是 pure 和 view 关键字，在其他编程语言中没出现过。Solidity 引入 pure 和 view 关键字主要是为了节省 gas 和控制函数权限：如果用户直接调用 pure/view 函数是不消耗 gas 的；反之则会改写链上的状态，需要支付 gas。

函数输出

接着上一讲的内容，这一讲我们将详细介绍 Solidity 的函数输出，包括返回多个变量、命名式返回，以及利用解构式赋值读取全部和部分返回值。

4.1 返回值关键字 return 和 returns

Solidity 有两个关键字与函数输出相关：return 和 returns，它们的区别在于：

（1）returns 加在函数名后面，用于声明返回的变量类型及变量名。

（2）return 用于函数主体中，返回指定的变量。

```
1  // 返回多个变量
2  function returnMultiple() public pure
3      returns(uint256, bool, uint256[3] memory){
4      return(1, true, [uint256(1),2,5]);
5  }
```

在以上代码中，我们声明的 returnMultiple() 函数将输出多个变量的值：returns(uint256, bool, uint256[3] memory)，接着我们在函数主体中用 return(1, true, [uint256(1),2,5]) 确定返回值。其调用结果如图 4.1 所示。

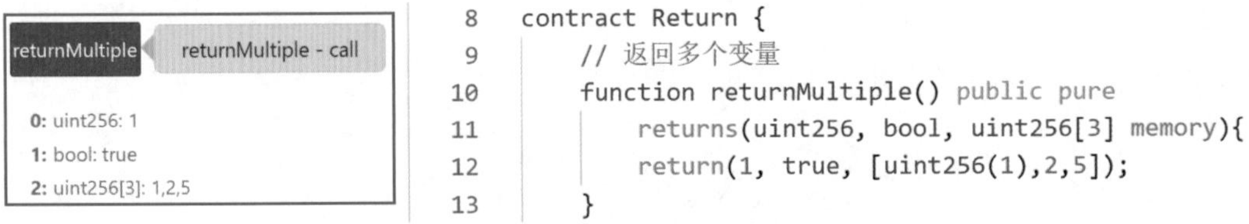

```
8   contract Return {
9       // 返回多个变量
10      function returnMultiple() public pure
11          returns(uint256, bool, uint256[3] memory){
12          return(1, true, [uint256(1),2,5]);
13      }
```

图 4.1 返回多个变量的函数调用结果

4.2　命名式返回

我们可以在 returns 中标明返回变量的名称，这样 Solidity 会自动给这些变量初始化，并且自动返回这些函数的值，不需要加 return 关键字。

```
1  // 命名式返回
2  function returnNamed() public pure
3      returns(uint256 _number, bool _bool,
4      uint256[3] memory _array){
5      _number = 2;
6      _bool = false;
7      _array = [uint256(3),2,1];
8  }
```

在以上代码中，我们用 returns(uint256 _number, bool _bool, uint256[3] memory _array) 声明了返回变量类型以及变量名。这样，我们在函数主体内只要给变量 _number、_bool 和 _array 赋值就可以自动返回了。

当然，也可以在命名式返回中用 return 来返回变量：

```
1  // 命名式返回，依然支持 return
2  function returnNamed2() public pure
3      returns(uint256 _number, bool _bool,
4      uint256[3] memory _array){
5      return(1, true, [uint256(1),2,5]);
6  }
```

以上两种调用方法的结果如图 4.2 所示。

4.3　解构式赋值

Solidity 使用解构式赋值的规则，支持读取函数的全部或部分返回值。

（1）读取所有返回值：声明变量，并且将要赋值的变量用 "," 隔开，按顺序排列。

```
15    // 命名式返回
16    function returnNamed() public pure returns(
17        uint256 _number, bool _bool, uint256[3] memory _array){
18        _number = 2;
19        _bool = false;
20        _array = [uint256(3),2,1];
21    }
22
23    // 命名式返回，依然支持return
24    function returnNamed2() public pure returns(
25        uint256 _number, bool _bool, uint256[3] memory _array){
26        return(1, true, [uint256(1),2,5]);
27    }
```

图 4.2 两种调用方法的结果

```
1  uint256 _number;

2  bool _bool;

3  uint256[3] memory _array;

4  (_number, _bool, _array) = returnNamed();
```

（2）读取部分返回值：声明要读取的返回值对应的变量，不读取的留空。下面这段代码中，我们只读取 _bool，而不读取返回的 _number 和 _array：

```
(, _bool2, ) = returnNamed();
```

4.4 总 结

这一讲我们介绍了函数的返回值关键字 return 和 returns，包括返回多个变量、命名式返回，以及利用解构式赋值读取全部和部分返回值。

第 **5** 讲
变量的数据存储和作用域

5.1 Solidity 中的引用类型

Solidity 语言中的引用类型（reference type）包括数组（array）和结构体（struct），由于这类变量比较复杂，占用存储空间大，我们在使用时必须要声明数据存储的位置。

5.2 数据位置

Solidity 的数据存储位置有三类：storage、memory 和 calldata。

（1）storage：合约里的状态变量默认都是 storage，存储在链上。

（2）memory：函数里的参数和临时变量一般用 memory，存储在内存中，不上链。

（3）calldata：和 memory 类似，存储在内存中，不上链。与 memory 的不同点在于 calldata 变量不能修改（immutable），一般用于函数的参数。例如：

```
1  function fCalldata(uint[] calldata _x) public pure
2      returns(uint[] calldata){
3      //参数为 calldata 数组，不能被修改
4      // _x[0] = 0 //这样修改会报错
5      return(_x);
6  }
```

以上代码如果将 _x[0]=0 的那一行去掉注释，会在编译的时候报错，提示 calldata 变量是只读的，如图 5.1 所示。

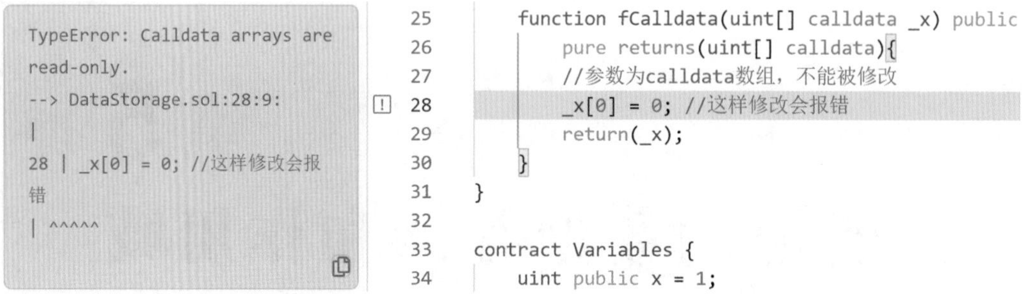

```
TypeError: Calldata arrays are                25   function fCalldata(uint[] calldata _x) public
read-only.                                    26       pure returns(uint[] calldata){
--> DataStorage.sol:28:9:                     27       //参数为calldata数组，不能被修改
|                                             28       _x[0] = 0; //这样修改会报错
28 | _x[0] = 0; //这样修改会报            29       return(_x);
错                                             30   }
| ^^^^^                                        31  }
                                              32
                                              33  contract Variables {
                                              34       uint public x = 1;
```

图 5.1　calldata类型变量的不正确用法，在编译时报错

不同的存储类型相互赋值时，有时会产生独立的副本（修改新变量不会影响原变量），有时会产生引用（修改新变量会影响原变量）。规则如下：

（1）storage（合约的状态变量）赋值给本地 storage（位于函数内）时，会创建引用，改变新变量会影响原变量。例如：

```
1  uint[] public x = [1,2,3]; // 状态变量: 数组 x
2
3  function fStorage() public{
4       //声明一个 storage 的变量 xStorage，指向 x
5       //修改 xStorage 也会影响 x
6       uint[] storage xStorage = x;
7       xStorage[0] = 100;
8  }
```

调试结果如图 5.2 所示。可以看到，将状态变量 x 赋给 xStorage 后，改变 xStorage 的值，x 的值也随之发生了改变。

（2）storage 类型的变量赋值给 memory 类型的变量，会创建独立的副本，修改其中一个不会影响另一个；反之亦然。例如：

```
1  uint[] public x = [1,2,3]; // 状态变量: 数组 x
2
3  function fMemory() public view{
4       // 声明一个 memory 的变量 xMemory，复制 x
5       // 修改 xMemory 不会影响 x
6       uint[] memory xMemory = x;
```

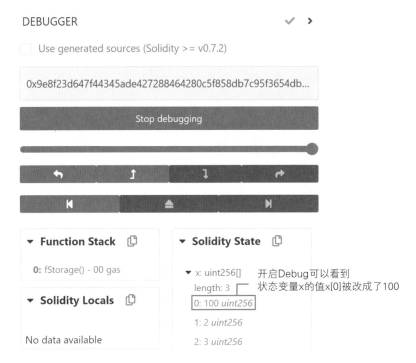

图 5.2　storage 类型变量赋值给本地 storage 类型变量的调试结果

```
7         xMemory[0] = 100;
8         xMemory[1] = 200;
9         uint[] memory xMemory2 = x;
10        xMemory2[0] = 300;
11    }
```

观察变量的变化，如图 5.3 所示。

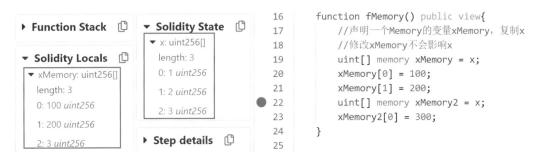

图 5.3　storage 类型变量赋值给 memory 类型变量的调试结果

（3）memory 类型的变量赋值给另一个 memory 类型的变量，会创建引用，改变新变量会影响原变量。

（4）其他情况下，变量赋值给 `storage` 类型的变量，会创建独立的副本，修改其中一个不会影响另一个。

5.3　变量的作用域

Solidity 中的变量按作用域划分为三种类型，分别是状态变量（state variable）、局部变量（local variable）和全局变量（global variable）。

1. 状态变量

状态变量是数据存储在链上的变量，所有合约内函数都可以访问。读写这些变量会消耗较多的 gas。状态变量在合约内、函数外声明：

```
1  contract Variables {
2      uint public x = 1;
3      uint public y;
4      string public z;
5  }
```

我们可以在函数内更改状态变量的值：

```
1  function foo() external{
2      // 可以在函数内更改状态变量的值
3      x = 5;
4      y = 2;
5      z = "0xAA";
6  }
```

2. 局部变量

局部变量是仅在函数执行过程中有效的变量，函数退出后，变量失效。局部变量的数据存储在内存里，不上链，gas 的消耗较小。局部变量在函数内声明：

```
1  function bar() external pure returns(uint){
2      uint xx = 1;
3      uint yy = 3;
```

```
4    uint zz = xx + yy;
5    return(zz);
6 }
```

3. 全局变量

全局变量是全局范围工作的变量，都属于 Solidity 预留的关键字。它们可以在函数内不声明而直接使用：

```
1 function global() external view
2    returns(address, uint, bytes memory){
3    address sender = msg.sender;
4    uint blockNum = block.number;
5    bytes memory data = msg.data;
6    return(sender, blockNum, data);
7 }
```

上面这段代码中，我们使用了 3 个常用的全局变量：msg.sender、block.number 和 msg.data。它们分别代表请求发起地址、当前区块编号和请求数据。下面简单列举一些常用的全局变量，其中还包括一些函数：

• blockhash(uint blockNumber) returns (bytes32)：一个函数，用于返回给定区块的哈希值。只适用于当前区块以外最近的 256 个区块。

• block.coinbase：当前区块生成者的地址，类型为 address payable。

• block.gaslimit：当前区块的 gaslimit（gas 用量的上限），类型为 uint。

• block.number：当前区块的编号，类型为 uint。

• block.timestamp：当前区块的时间戳，为 Unix 纪元（格林尼治标准时间 1970 年 1 月 1 日零时整）以来的秒数，类型为 uint。

• gasleft() returns (uint256)：一个函数，用于返回合约的剩余 gas 量。

更详尽的全局变量请参考以下网站：

https://docs.soliditylang.org/zh/v0.8.19/units-and-global-variables.html

上面的代码在 remix 中部署并运行的结果如图 5.4 所示。具体的返回值可能会和图示略有出入。

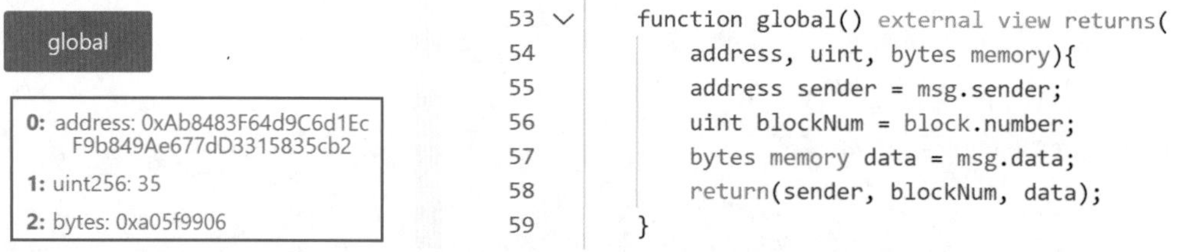

图 5.4   Solidity 全局变量的使用

5.4   变量的单位和换算

1. 以太单位

为避免浮点数运算带来的精度损失，确保交易的精度，Solidity 语言设立了一个称为"以太单位"的计量单位制。利用以太单位可以避免误算的问题，方便程序员在合约中处理货币交易。

在以太单位中，最小的单位是"wei"，合约的所有交易量都是 wei 的整数倍。此外还有"gwei"和"ether"两个常用单位。交易量在链上以整数形式存储，这些单位和整数的换算关系如下：

- wei：1 wei = 1

- gwei：1 gwei = 1×10^9 = 1 000 000 000

- ether：1 ether = 1×10^{18} = 1 000 000 000 000 000 000

以下代码用来验证这些单位和整数的换算关系：

```
1  function weiUnit() external pure returns(uint) {
2      assert(1 wei == 1e0);
3      assert(1 wei == 1);
4      return 1 wei;
```

```
5  }
6
7  function gweiUnit() external pure returns(uint) {
8      assert(1 gwei == 1e9);
9      assert(1 gwei == 1000000000);
10     return 1 gwei;
11 }
12
13 function etherUnit() external pure returns(uint) {
14     assert(1 ether == 1e18);
15     assert(1 ether == 1000000000000000000);
16     return 1 ether;
17 }
```

其中每个函数首先用 assert（断言）验证等式是否正确，如果不正确则会抛出异常，中断代码的执行。函数末尾会返回每个单位换算到整数的结果，如图 5.5 所示。

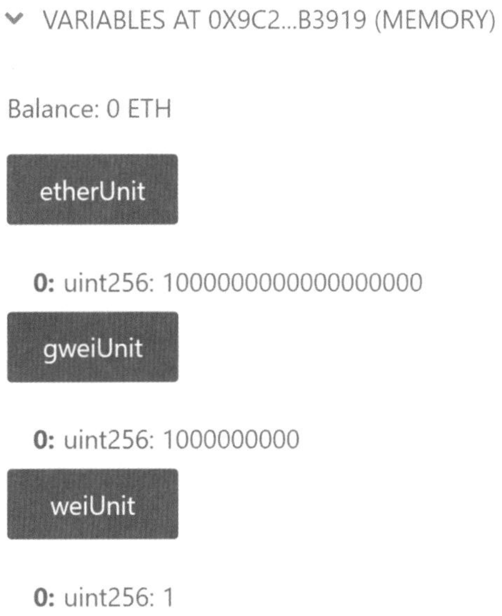

∨ VARIABLES AT 0X9C2...B3919 (MEMORY)

Balance: 0 ETH

etherUnit

0: uint256: 1000000000000000000

gweiUnit

0: uint256: 1000000000

weiUnit

0: uint256: 1

图 5.5　以太单位 ether、gwei 和 wei 换算到整数的结果

2. 时间单位

在 Solidity 合约中，可以规定一个操作必须在一周内完成，或者某个事件在一个月后发生。这样就能让合约的执行时间更加精确，不会因为技术上的误差而影响合约的结果。因此，时间单位在 Solidity 中是一个重要的概念，有助于提高合约的可读性和可维护性。

Solidity 中最小的时间单位是秒（seconds），除此之外还包括分钟（minutes）、小时（hours）、天数（days）、星期（weeks）等单位。类似以太单位，时间单位也可以换算到整数，换算关系如下：

- seconds: 1 seconds = 1

- minutes: 1 minutes = 60 seconds = 60

- hours: 1 hours = 60 minutes = 3600

- days: 1 days = 24 hours = 86400

- weeks: 1 weeks = 7 days = 604800

验证以上换算关系的代码如下：

```
1  function secondsUnit() external pure returns(uint) {
2      assert(1 seconds == 1);
3      return 1 seconds;
4  }
5
6  function minutesUnit() external pure returns(uint) {
7      assert(1 minutes == 60);
8      assert(1 minutes == 60 seconds);
9      return 1 minutes;
10 }
11
12 function hoursUnit() external pure returns(uint) {
13     assert(1 hours == 3600);
14     assert(1 hours == 60 minutes);
15     return 1 hours;
```

```
16  }
17
18  function daysUnit() external pure returns(uint) {
19      assert(1 days == 86400);
20      assert(1 days == 24 hours);
21      return 1 days;
22  }
23
24  function weeksUnit() external pure returns(uint) {
25      assert(1 weeks == 604800);
26      assert(1 weeks == 7 days);
27      return 1 weeks;
28  }
```

其运行结果如图 5.6 所示。

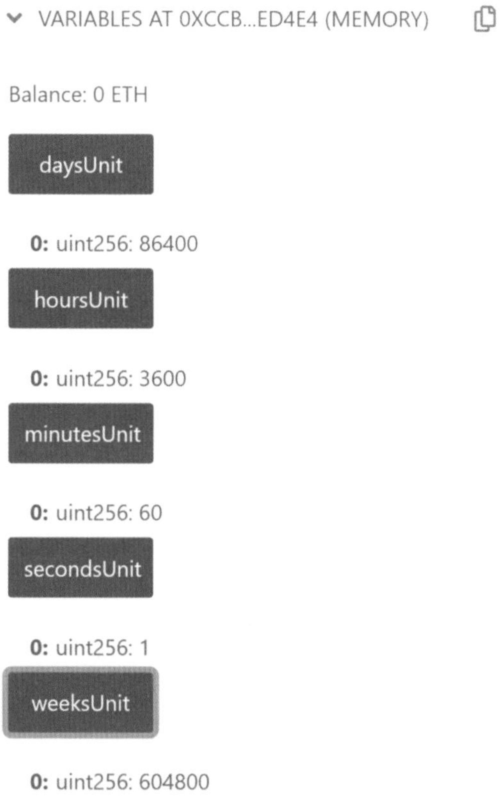

图 5.6　时间单位换算到整数的结果

5.5　总　结

　　这一讲介绍了引用类型、数据位置和变量的作用域，以及 Solidity 中的两套重要的单位系统——以太单位和时间单位。其中的重点是 `storage`、`memory` 和 `calldata` 三个关键字的用法。它们出现的原因是为了节省链上有限的存储空间并降低 gas 的消耗。下一讲我们开始介绍引用类型中常用的两类——数组和结构体。

数组和结构体

这一讲我们将介绍 Solidity 中的两个重要的引用类型：数组（array）和结构体（struct）。

6.1 数　组

数组是 Solidity 常用的一种变量类型，用来存储一组数据（整数、字节、地址等）。数组分为固定长度数组和可变长度数组两种：

（1）固定长度数组：在声明时指定数组的长度。用 T[k] 的格式声明，其中 T 是元素的类型，k 是长度。例如：

```
1  // 固定长度数组
2  uint[8] array1;
3  bytes1[5] array2;
4  address[100] array3;
```

（2）可变长度数组（动态数组）：在声明时指定数组的长度。用 T[] 的格式声明，其中 T 是元素的类型。例如：

```
1  // 可变长度数组
2  uint[] array4;
3  bytes1[] array5;
4  address[] array6;
5  bytes array7;
```

注意：bytes 类型是一个特例。它类似动态数组类型，但是声明时不用加 []。另外，不能用 byte[] 声明单字节数组，可以使用 bytes 或者 bytes1[]。在链上运行时，bytes 类型比 bytes1[] 类型的 gas 消耗要少。

1. 创建数组的规则

在 Solidity 里，创建数组需要遵循一些规则：

（1）对于 memory 类型的动态数组，可以用 new 操作符创建，但是必须声明长度，并且声明后长度不能改变。例如：

```
1  // memory动态数组
2  uint[] memory array8 = new uint[](5);
3  bytes memory array9 = new bytes(9);
```

（2）数组字面量（array literal）是写作表达式形式的数组，将一系列元素用逗号分隔，以方括号包裹。以数组字面量表示的数组中，每一个元素的类型以第一个元素为准，例如数组 [1,2,3] 里所有的元素都是 uint8 类型。因为在 Solidity 中如果一个值没有指定类型的话，默认会指定为最小单位的类型，而整数中最小单位的类型是 uint8。而 [uint(1),2,3] 里的元素都是 uint 类型，因为第一个元素强制指定为 uint 类型，其他元素都以此为准。

下面的例子中，如果没有对传入 g() 函数的数组转换到 uint 类型，则会在编译时报错：

```
1  // SPDX-License-Identifier: GPL-3.0
2  pragma solidity >=0.4.16 <0.9.0;
3
4  contract C {
5      function f() public pure {
6          g([uint(1), 2, 3]);
7      }
8      function g(uint[3] memory) public pure {
9          // ...
10     }
11 }
```

（3）如果创建的是动态数组，需要逐个为数组的元素赋值。例如：

```
1  uint[] memory x = new uint[](3);
2  x[0] = 1;
```

```
3  x[1] = 3;
4  x[2] = 4;
```

另外请注意，动态的 memory 数组不能用固定长度的 memory 数组或者数组字面量赋值，例如以下的代码在编译时会报错：

```
1  // SPDX-License-Identifier: GPL-3.0
2  pragma solidity >=0.4.0 <0.9.0;
3
4  contract C {
5      function f() public {
6          // 下面这行会报 type error 编译错误，因为
7          // uint[3] memory 类型不能转换为 uint[] memory 类型
8          uint[] memory x = [uint(1), 3, 4];
9      }
10 }
```

2. 数组的成员

（1）length：每个数组有一个 length 成员，包含数组中元素的个数。存储类型为 memory 存储数组，其长度在创建后是固定的。

（2）push()：动态数组拥有 push() 成员函数，用于在数组最后添加一个 0 元素，并返回该元素的引用。

（3）push(x)：动态数组拥有 push(x) 成员函数，用于在数组最后添加一个值为 x 的元素。

（4）pop()：动态数组拥有 pop() 成员函数，用于移除数组的最后一个元素。

我们利用前面定义的动态数组 array4 演示数组的操作，代码如下：

```
1  function arrayPush() public returns (uint[] memory) {
2      uint[2] memory a = [uint(1), 2];
3      array4 = a;
4      array4.push(3);
```

```
5      return array4;
6   }
```

运行结果如图 6.1 所示。

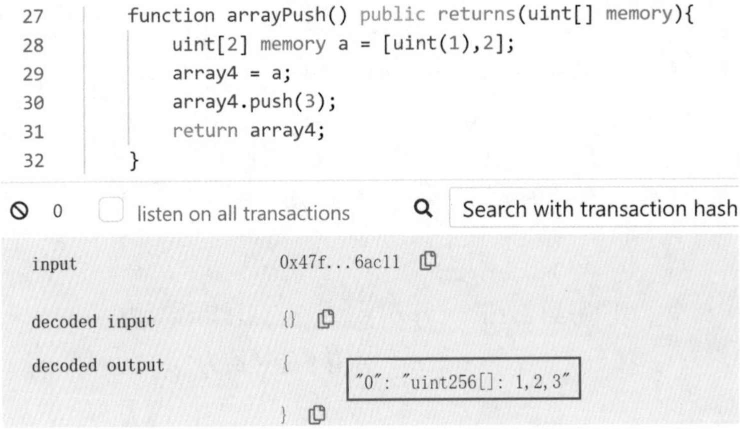

```
27   │  function arrayPush() public returns(uint[] memory){
28   │      uint[2] memory a = [uint(1),2];
29   │      array4 = a;
30   │      array4.push(3);
31   │      return array4;
32   │  }
```

⊘ 0 ☐ listen on all transactions 🔍 Search with transaction hash

input	0x47f...6ac11 📋
decoded input	{} 📋
decoded output	{
	"0": "uint256[]: 1, 2, 3"
	} 📋

图 6.1　数组的初始化和操作

6.2　结构体

Solidity 支持通过构造结构体的形式定义新的类型。结构体中的元素可以是原始类型，也可以是引用类型；结构体可以作为数组或映射类型的元素。

定义和创建一个结构体的方法如下：

```
1  // 结构体
2  struct Student{
3      uint256 id;
4      uint256 score;
5  }
6
7  Student student; // 初始一个 student 结构体
```

假设状态变量中有一个结构体 student。为其赋值有以下四种方式：

（1）创建一个 storage 属性的结构体引用，对引用的结构体的成员变量赋值。例如：

```
1  // 给结构体赋值
2  // 方法 1：在函数中创建一个 storage 的 struct 引用
3  function initStudent1() external{
4      Student storage _student = student;
5      // assign a copy of student
6      _student.id = 11;
7      _student.score = 100;
8  }
```

在调试界面查看结果，如图 6.2 所示。

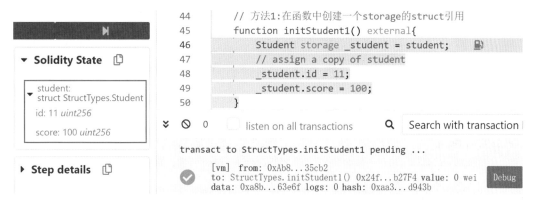

图 6.2　结构体赋值的方法 1：创建 storage 结构体引用并赋值

（2）直接对结构体的成员变量赋值。例如：

```
1  // 方法 2：直接引用状态变量的 struct
2  function initStudent2() external{
3      student.id = 1;
4      student.score = 80;
5  }
```

在调试界面查看结果，如图 6.3 所示。

（3）用类似函数的方式初始化一个结构体，用于整体赋值。例如：

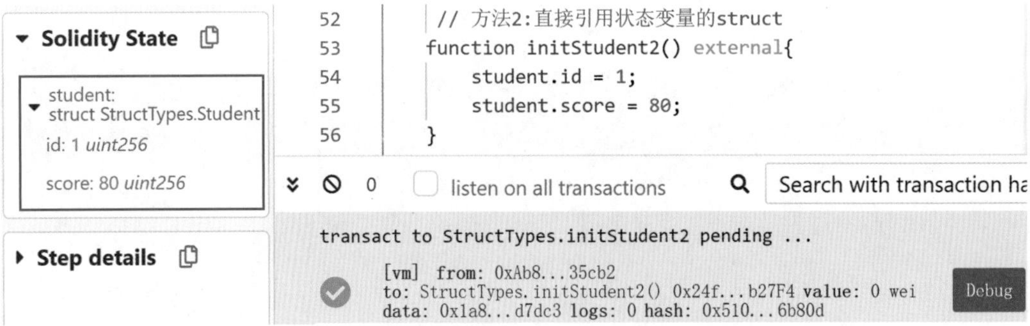

图 6.3　结构体赋值的方法 2：直接赋值

```
1  // 方法 3: 构造函数式
2  function initStudent3() external {
3      student = Student(3, 90);
4  }
```

在调试界面查看结果，如图 6.4 所示。

图 6.4　结构体赋值的方法 3：构造函数式

（4）用键值对（key-value pair）的形式构造结构体并整体赋值。例如：

```
1  // 方法 4: 键值对式构造
2  function initStudent4() external {
3      student = Student({id: 4, score: 60});
4  }
```

在调试界面查看结果，如图 6.5 所示。

图 6.5　结构体赋值的方法 4：键值对式构造

6.3　总　结

这一讲介绍了 Solidity 中主要的两种引用类型——数组和结构体的基本用法。下一讲我们将介绍 Solidity 中的映射类型。

第**7**讲

映射类型

这一讲我们介绍映射类型，它是 Solidity 中存储键值对的数据结构，可以理解为哈希表。

7.1 映射的声明

在映射中，用户可以通过键（Key）来查询对应的值（Value），比如通过一个用户的 id 来查询对应的钱包地址。

声明映射的格式为 mapping(_KeyType => _ValueType)，其中 _KeyType 和 _ValueType 分别是键和值对应的变量类型。例如：

```
1  // id映射到地址
2  mapping(uint => address) public idToAddress;
3  // 币对的映射，地址到地址
4  mapping(address => address) public swapPair;
```

7.2 映射的规则

Solidity 的映射有以下一些特点：

（1）映射的 _KeyType 只能选择 Solidity 内置的值类型，比如 uint、address 等，不能用自定义的结构体。而 _ValueType 可以使用自定义的类型。例如，下面这段代码在编译时会报错，因为 _KeyType 使用了我们自定义的结构体：

```
1  // 我们定义一个结构体 Struct
2  struct Student{
3      uint256 id;
4      uint256 score;
5  }
6  mapping(Student => uint) public testVar;
```

（2）映射的存储位置必须是 storage，因此可以用于合约的状态变量或函数中的 storage 变量，以及库函数（详见第 17 讲）中的参数。注意映射不能用于 public 函数的参数或者返回值中。

（3）如果映射被声明为 public，那么 Solidity 会自动为该映射建立一个 getter 函数，用于通过给定的键查找对应的值。

（4）给映射新增的键值对的语法为 _Var[_Key] = _Value，其中 _Var 是映射变量名，_Key 和 _Value 对应新增的键值对。例如：

```
1  function writeMap (uint _Key, address _Value) public{
2      idToAddress[_Key] = _Value;
3  }
```

将以上代码部署到合约后，我们首先调用 writeMap() 函数添加键值对，然后就可以在 idToAddress 变量中按照键查找到对应的值，如图 7.1 所示。

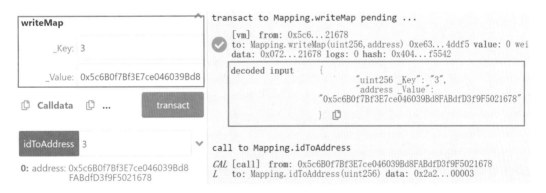

图 7.1　为映射添加键值对并查询

7.3　映射的底层机制

（1）映射不储存任何键的具体数据，因而也就没有类似数组的 length 属性。

（2）映射使用 Solidity 提供的哈希函数 keccak256() 将键的哈希值计算出来，以此作为索引在数据中存取映射的值。

（3）在以太坊虚拟机上，所有未使用的空间以 0 来初始化，因此任何未赋值的键对应的值是 _ValueType 类型的缺省值，比如 uint 和 address 的缺省值为 0。如图 7.2 所示。

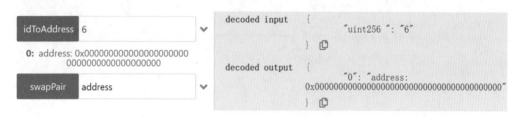

图 7.2　映射中未赋值的键对应的值缺省为 0

7.4　总　结

这一讲我们介绍了 Solidity 中哈希表——映射（Mapping）的用法。至此，我们已经学习了所有常用变量种类。之后我们会学习程序设计语言中常用的控制流，如 if-else、while 等。

第 **8** 讲

变量的初始值

在 Solidity 中，已声明但尚未赋值的变量在运行时会获得初始值，或称缺省值（default value）。这一讲我们将介绍常用变量的初始值，以及将变量重新设为初始值的 delete 操作。

8.1 值类型的初始值

以下列举我们已经学过的各种变量类型的初始值：

- bool 类型：false。

- string 类型：""（空字符串）。

- int 类型：0。

- uint 类型：0。

- enum 类型：枚举中的第一个元素。

- address 类型：表示如下，或用类型转换表示为 address(0)。

  0x00000000 00000000 00000000 00000000 00000000

- function 类型：

  - internal：空白函数。

  - external：空白函数。

可以为变量声明 public 关键字，调用 getter 函数获取其值，验证各种类型的初始值的正确性：

```
1  bool public _bool; // false
2  string public _string; // ""
3  int public _int; // 0
4  uint public _uint; // 0
5  address public _address; //
       0x0000000000000000000000000000000000000000
6
7  enum ActionSet { Buy, Hold, Sell }
8  ActionSet public _enum; // 第 1 个内容 Buy 的索引 0
9
10 function fi() internal{} // internal 空白函数
11 function fe() external{} // external 空白函数
```

验证结果如图 8.1 所示。

```
1  // SPDX-License-Identifier: MIT
2  pragma solidity ^0.8.4;
3
4  contract InitialValue {
5      // Value Types
6      bool public _bool; // false
7      string public _string; // ""
8      int public _int; // 0
9      uint public _uint; // 0
10     address public _address;
11     // 0x0000000000000000000000000000000000000000
12
13     enum ActionSet { Buy, Hold, Sell}
14     ActionSet public _enum; // 第一个内容Buy的索引0
15
16     function fi() internal{} // internal空白函数
17     function fe() external{} // external空白函数
18
19     // Reference Types
20     // 所有成员设为其初始值的静态数组[0,0,0,0,0,0,0,0]
21     uint[8] public _staticArray;
22     uint[] public _dynamicArray; // `[]`
23     // 所有元素都为其初始值的mapping
24     mapping(uint => address) public _mapping;
25     // 所有成员设为其初始值的结构体 0, 0
```

图 8.1　值类型的初始值检验结果

8.2 引用类型的初始值

- 映射类型：所有的值（Value）元素为其初始值。

- 结构体：结构体的所有成员设为其初始值。

- 数组：

  - 动态数组：[]（空数组）。

  - 静态数组（固定长度数组）：数组中的所有元素设为其初始值。

类似前一节，验证各种引用类型的初始值的正确性：

```
1  // Reference Types
2  // 所有成员设为其初始值的静态数组[0,0,0,0,0,0,0,0]
3  uint[8] public _staticArray;
4  uint[] public _dynamicArray; // `[]`
5  // 所有元素都为其初始值的 mapping
6  mapping(uint => address) public _mapping;
7  // 所有成员设为其初始值的结构体 0, 0
8  struct Student{
9      uint256 id;
10     uint256 score;
11 }
12 Student public student;
```

验证结果如图 8.2 所示。

8.3 delete 操作符

一个变量 a，不论是值类型还是引用类型的变量，使用 delete a 都会使得 a 的值变为初始值。

```
1  // delete 操作符
2  bool public _bool2 = true;
3  function d() external {
```

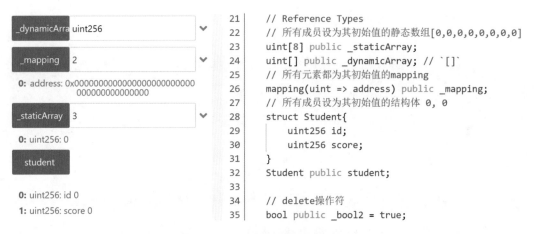

图 8.2　引用类型的初始值检验

```
4        delete _bool2; // delete 会让 _bool2变为初始值，false
5 }
```

相关代码的验证结果如图 8.3 所示。

```
34      // delete操作符
35      bool public _bool2 = true;
36      function d() external {
37          delete _bool2; // delete 会让_bool2变为初始值，false
38      }
39 }
```

0: bool: false

图 8.3　使用 delete 操作符将变量替换为初始值

8.4　总　结

这一讲我们介绍了 Solidity 中变量的初始值。变量被声明但没有赋值的时候，它的值默认为初始值。不同类型的变量初始值不同。另外，delete 操作符可以删除一个变量的值并替换为初始值。

常量和不变量

这一讲我们介绍 Solidity 提供的两个实用的关键字：constant（常量）以及 immutable（不变量）。Solidity 的状态变量声明了这两个关键字后，不能在合约运行后更改数值，这样做的好处是能够提升合约的安全性并节省 gas。

在 Solidity 的类型中，值类型的变量可以声明为 constant 和 immutable；string 和 bytes 类型的变量可以声明为 constant，但不能为 immutable。

9.1 constant 关键字

用 constant 关键字声明的变量必须在声明的时候初始化，之后再也不能改变。

```
1  // constant 变量必须在声明的时候初始化，之后不能改变
2  uint256 constant CONSTANT_NUM = 10;
3  string constant CONSTANT_STRING = "0xAA";
4  bytes constant CONSTANT_BYTES = "WTF";
5  address constant CONSTANT_ADDRESS =
       0x0000000000000000000000000000000000000000;
```

尝试改变的话，代码将在编译时报错，如图 9.1 所示。较新的 Solidity 编译器认为这是一个语法错误，所以抛出 "ParserError: Expected identifier but got '='." 的错误信息。早期版本的 Solidity 可能会抛出 TypeError 错误信息。

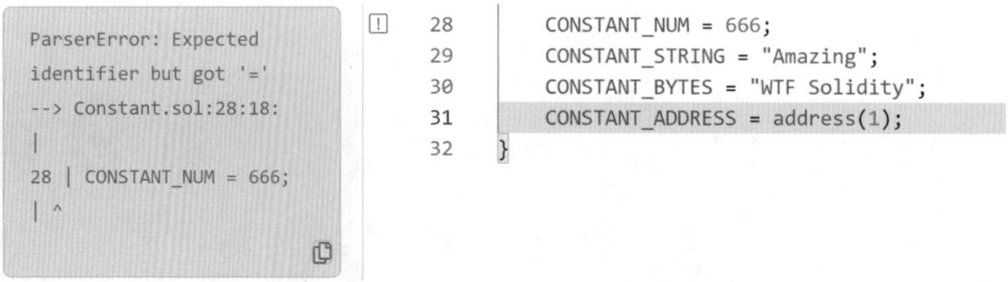

图 9.1　尝试改变 constant 变量会抛出编译错误

9.2　immutable 关键字

用 immutable 关键字声明的变量可以在声明时初始化，或在合约的构造函数 constructor() 中初始化（见第 11 讲），因此更加灵活。

```
1  // immutable变量可以在constructor里初始化，之后不能改变
2  uint256 public immutable IMMUTABLE_NUM = 9999999999;
3  address public immutable IMMUTABLE_ADDRESS;
4  uint256 public immutable IMMUTABLE_BLOCK;
5  uint256 public immutable IMMUTABLE_TEST;
```

用户可以使用全局变量或者自定义的函数为 immutable 变量初始化。例如，以下代码使用 test 函数给 IMMUTABLE_TEST 变量初始化，使用全局变量 address(this) 和 block.number 为另外两个变量初始化：

```
1  // 利用 constructor 初始化 immutable 变量，因此可以利用
2  constructor(){
3      IMMUTABLE_ADDRESS = address(this);
4      IMMUTABLE_BLOCK = block.number;
5      IMMUTABLE_TEST = test();
6  }
7
8  function test() public pure returns(uint256){
9      uint256 what = 9;
10     return(what);
11 }
```

当然，如果一个 immutable 的变量已经初始化，那么即使在构造函数

中也不能重新为其赋值，否则会在编译时抛出“TypeError: Immutable state variable already initialized.”的错误，如图 9.2 所示。

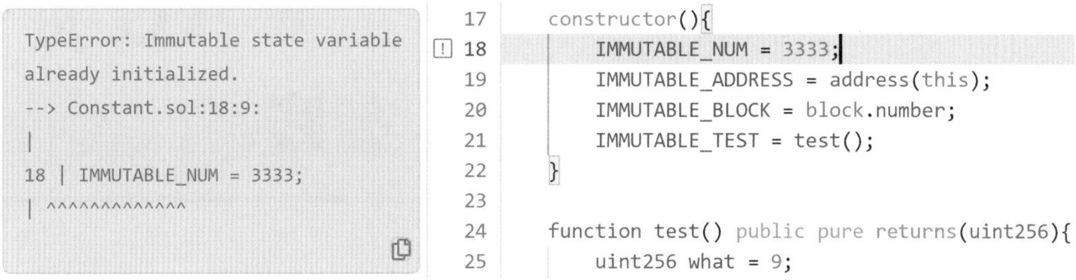

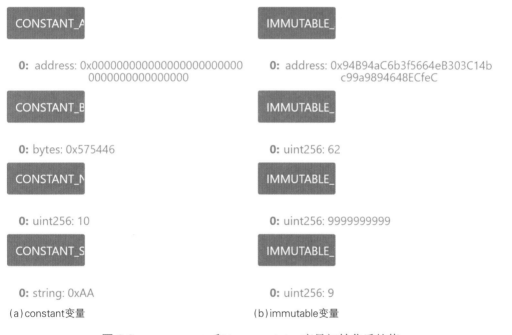

图 9.2　尝试改变 `immutable` 变量会抛出编译错误

将以上代码部署到合约之后，通过 remix 上的 getter 函数，我们就能获取到 `constant` 和 `immutable` 变量初始化之后的值，如图 9.3 所示。

（a）constant变量　　（b）immutable变量

图 9.3　`constant` 和 `immutable` 变量初始化后的值

9.3　总　结

这一讲我们介绍了 Solidity 中的两个关键字：`constant`（常量）和 `immutable`（不变量）。在适当的场合，使用这两个关键字让不应该变的变量保持不变，这样的做法能在节省 gas 的同时提升合约的安全性。

第 **10** 讲
控制流及其实践

这一讲我们介绍 Solidity 中的控制流，并利用这些知识在 Solidity 中实现插入排序。这是一个看上去简单，但很容易写出问题的程序。

10.1 控制流

Solidity 的控制流和其他编程语言类似，主要包含以下几种：

1. if-else 条件语句

```
1 function ifElseTest(uint256 _number) public pure
      returns(bool){
2    if(_number == 0){
3        return(true);
4    }else{
5        return(false);
6    }
7 }
```

2. for 循环

```
1 function forLoopTest() public pure returns(uint256){
2    uint sum = 0;
3    for(uint i = 0; i < 10; i++){
4        sum += i;
5    }
```

```
6        return(sum);
7    }
```

3. while 循环

```
1    function whileTest() public pure returns(uint256){
2        uint sum = 0;
3        uint i = 0;
4        while(i < 10){
5            sum += i;
6            i++;
7        }
8        return(sum);
9    }
```

4. do-while 循环

```
1    function doWhileTest() public pure returns(uint256){
2        uint sum = 0;
3        uint i = 0;
4        do{
5            sum += i;
6            i++;
7        }while(i < 10);
8        return(sum);
9    }
```

5. 三元运算符

三元运算符是 Solidity 中唯——一个接受三个操作数的运算符。其格式为:

```
<condition>? <true-statement>: <false-statement>
```

其中 condition 为条件, true-statement 和 false-statement 分别为条件取 true 和 false 时对应的表达式。此运算符经常用作 if 语句的快捷方式。

```
// 三元运算符 ternary/conditional operator
function ternaryTest(uint256 x, uint256 y) public pure
    returns(uint256){
    // return the max of x and y
    return x >= y ? x : y;
}
```

另外，在 `for` 循环、`while` 循环和 `do-while` 循环中，可使用 `continue` 关键字中止当前循环并立即进入下一次循环，或使用`break` 关键字跳出当前循环。

10.2　实例：用 Solidity 实现插入排序

1. 插入排序的原理

排序算法解决的问题是将无序的一组数字，例如 [2, 5, 3, 1]，从小到大依次排列好，最终结果为 [1, 2, 3, 5]。插入排序（insertion sort）是最简单的一种排序算法，也是很多人学习的第一个算法。它的思路很简单，从前往后，依次将每一个数和排在它前面的数字比大小，如果比前面的数字小，就互换位置。整个过程如图 10.1 所示。

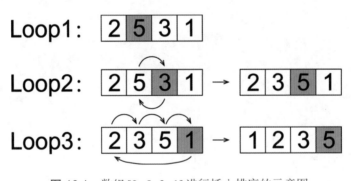

图 10.1　数组 [2, 5, 3, 1] 进行插入排序的示意图

2. 插入排序的 Python 实现

我们可以先看一下插入排序的 Python 代码，除去注释，程序只有 9 行代码，还是非常简单的。

```
1  # 插入排序的 Python 程序实现
2  def insertionSort(arr):
3      for i in range(1, len(arr)):
4          key = arr[i]
5          j = i - 1
6          while j >=0 and key < arr[j]:
7              arr[j+1] = arr[j]
8              j -= 1
9          arr[j+1] = key
10     return arr
```

3. 插入排序的 Solidity 实现：错误版本

我们将上述 Python 代码改写成 Solidity 代码，将函数、变量、循环等进行相应的转换。除去注释，总计 12 行代码：

```
1  // 插入排序 错误版本
2  function insertionSortWrong(uint[] memory a) public
       pure returns(uint[] memory) {
3      for (uint i = 1;i < a.length;i++){
4          uint temp = a[i];
5          uint j=i-1;
6          while( (j >= 0) && (temp < a[j])){
7              a[j+1] = a[j];
8              j--;
9          }
10         a[j+1] = temp;
11     }
12     return(a);
13 }
```

将以上代码部署到 remix 上，向函数代入参数 [2, 5, 3, 1] 并运行，程序崩溃了，抛出了 overflow 错误，如图 10.2 所示。

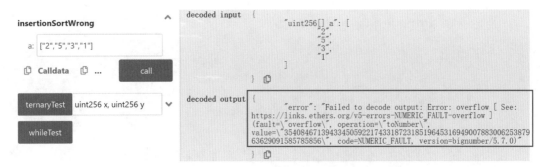

图 10.2 插入排序的错误实现，抛出 overflow 错误

4. 错误分析和修复

通过调试和分析，我们发现核心问题出在数组的索引变量上。

在排序过程中使用了两个索引变量 i 和 j，而以上代码将 i 和 j 声明为 uint 类型，也就是非负整数，如果其运算结果为负数则会报错。程序第一次循环时有 i = 1，j = 0。在循环内运行 j-- 时，j 的值变为 –1，因而报错。

解决方案之一是，把以上代码中的 j 加上 1，令它在循环过程中不会取到负值。正确的代码如下：

```
1  // 插入排序 正确版
2  function insertionSort(uint[] memory a) public pure
      returns(uint[] memory) {
3      // note that uint can not take negative value
4      for (uint i = 1;i < a.length;i++){
5          uint temp = a[i];
6          uint j=i;
7          while( (j >= 1) && (temp < a[j-1])){
8              a[j] = a[j-1];
9              j--;
10         }
11         a[j] = temp;
12     }
13     return(a);
14  }
```

改正过后重新部署并运行，如图 10.3 所示，函数正确运行并将数组从小到大排序。

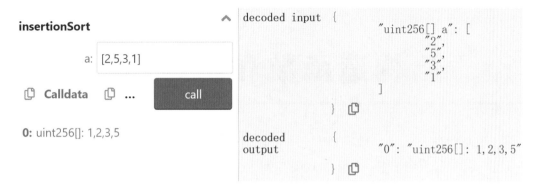

图 10.3 插入排序的运行结果

10.3 总 结

这一讲我们介绍了 Solidity 中的控制流，并且进行了插入排序的代码实践。看似很简单的一个程序，实际上不那么简单，因为一些特别细小的问题让我们走了弯路，导致程序出错和崩溃。在实际运行的 Solidity 合约中，常常因为这类细小的程序问题导致难以估量和挽回的损失。只有掌握好基础，不断练习，才能写出更好的 Solidity 代码。

构造函数和修饰器

这一讲我们将通过一个合约权限控制（Owner）的例子，来介绍 Solidity 语言中的构造函数（constructor）和独有的修饰器（modifier）。

11.1 构造函数

构造函数是一种特殊的函数，每个合约可以定义一个，并在部署合约的时候自动运行一次。它可以用来初始化合约的一些参数，例如初始化合约的 owner 地址：

```
1  address owner; // 定义 owner 变量
2
3  // 构造函数
4  constructor() {
5      // 在部署合约的时候，将 owner 设置为部署者的地址
6      owner = msg.sender;
7  }
```

注意：构造函数在不同的 Solidity 版本中的语法并不一致，在 0.4.22 版本之前的 Solidity 语言中，构造函数不使用 constructor 而是使用与合约名同名的函数作为构造函数来使用。由于这种旧写法容易使开发者在书写时发生疏漏（例如合约名叫 Parents，构造函数名写成 parents），使得构造函数变成普通函数，引发漏洞。所以 0.4.22 版本及之后的 Solidity 语言采用了全新的 constructor 写法。

在 0.4.22 版本之前的 Solidity 语言中，构造函数的写法如下所示：

```
1  pragma solidity =0.4.21;
2  contract Parents {
3      // 与合约名 Parents 同名的函数就是构造函数
4      function Parents () public {
5      }
6  }
```

11.2　修饰器

修饰器是 Solidity 特有的语法，其特性类似其他一些面向对象编程语言中的相关特性，如 Python 中的装饰器（decorator）。修饰器用来声明函数拥有的特性，并减少代码冗余。被修饰的函数将获得某些特定的行为。修饰器的主要使用场景是运行函数前的数据检查，如地址、变量、余额等。

我们来定义一个修饰器，名为 onlyOwner：

```
1  // 定义修饰器
2  modifier onlyOwner {
3      // 检查调用者是否为 owner 地址
4      require(msg.sender == owner);
5      _; // 如果是的话，继续运行函数主体；否则报错并 revert 交易
6  }
```

带有 onlyOwner 修饰器的函数只能被 owner 地址调用，例如：

```
1  function changeOwner(address _newOwner) external
       onlyOwner{
2      // 只有 owner 地址运行这个函数，并改变 owner
3      owner = _newOwner;
4  }
```

在上述代码中，我们定义了一个 changeOwner 函数，运行该函数可以改变合约的 owner，但是由于 onlyOwner 修饰器的存在，只有原先的 owner 可以调用，别人调用就会报错。这也是最常用的控制智能合约权限的方法。

拓展知识：OpenZeppelin 是一个维护 Solidity 标准化代码库的组织，有兴趣的读者可以通过以下网址获取该组织编写的 Ownable 权限控制的代码：

https://github.com/OpenZeppelin/openzeppelin-contracts/blob/master/contracts/access/Ownable.sol

11.3　onlyOwner修饰器的演示

我们汇总一下这一讲的代码，并部署到remix上。

（1）首先在部署界面查看由合约的构造函数初始化的 owner 变量的值，如图 11.1 所示。

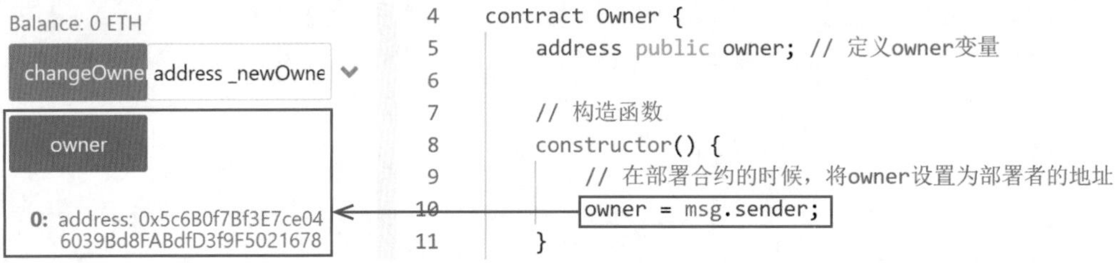

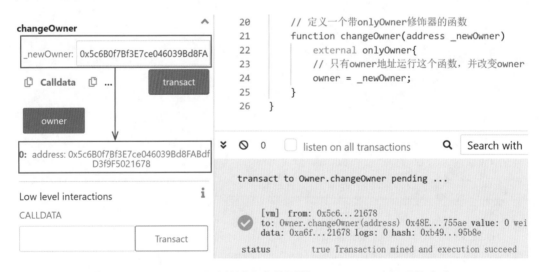

图 11.1　查看合约的 owner 变量

（2）以 owner 地址的用户身份调用 changeOwner 函数，交易成功，如图 11.2 所示。

图 11.2　以 owner 地址的用户身份调用 changeOwner 函数成功

（3）以非 owner 地址的用户身份调用 changeOwner 函数，交易失败，如图 11.3 所示。原因是修饰器 onlyOwner 的检查语句没有满足。

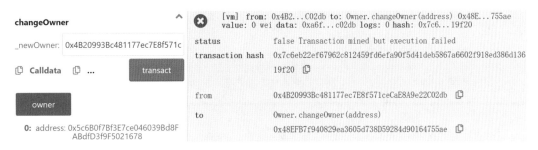

图 11.3 以非 owner 地址的用户身份调用 changeOwner 函数失败

11.4 总 结

这一讲我们介绍了 Solidity 中的构造函数和修饰器。作为示例，我们运用这两种功能编写了一份具有合约权限控制功能的 Solidity 合约。

第 12 讲

事　件

在这一讲中，我们以转账ERC20代币为例来介绍Solidity中的事件。

12.1　事　件

Solidity中的事件（event）是以太坊虚拟机（EVM）上日志的抽象，它具有两个特点：

（1）响应：以太坊的应用程序（ethers.js）可以通过RPC接口订阅和监听这些事件，并在前端做响应。

（2）经济：事件是EVM上比较经济的存储数据的方式，每个事件大概消耗2000 gas；相比之下，在区块链上存储一个新变量至少需要20 000 gas。

1. 声明事件

事件的声明由event关键字开头，接着是事件名称，括号里面写好事件需要记录的变量类型和变量名。以ERC20代币合约的Transfer事件为例：

```
event Transfer(address indexed from, address indexed
    to, uint256 value);
```

我们可以看到，Transfer事件共记录了3个变量：from、to和value，分别对应代币的转账地址、接收地址和转账数量，其中from和to前面带有indexed关键字，它们会保存在以太坊虚拟机日志的"主题"（Topics）中（见12.2节），方便之后检索。

2. 释放事件

我们可以在函数里使用 emit 关键字来释放事件。在下面的例子中，每次用 _transfer() 函数进行转账操作的时候，都会释放 Transfer 事件，并记录相应的变量。

```
1  // 定义 _transfer 函数，执行转账逻辑
2  function _transfer(
3      address from,
4      address to,
5      uint256 amount
6  ) external {
7      _balances[from] = 10000000; // 给转账地址一些初始代币
8
9      _balances[from] -= amount; // from 地址减去转账数量
10     _balances[to] += amount; // to 地址加上转账数量
11
12     // 释放事件
13     emit Transfer(from, to, amount);
14 }
```

12.2　EVM 日志

EVM 用日志（Log）来存储 Solidity 事件，每条日志记录都包含主题（Topics）和数据（Data）两部分。图 12.1 是一条典型的 EVM 日志记录。

图 12.1　EVM 日志记录

1. 主 题

日志的第一部分是主题数组，用于描述事件，数组的元素个数不超过 4 个。它的第一个元素是事件的签名（哈希值）。对于在第 12.1 节定义的 Transfer 事件，它的签名由 Solidity 语言的 keccak256 函数生成：

```
1 keccak256("Transfer(addrses,address,uint256)")
2
3 //0xddf252ad1be2c89b69c2b068fc378daa
4 //  952ba7f163c4a11628f55a4df523b3ef
```

除了事件签名，主题还可以包含至多 3 个 indexed 参数。对于 Transfer 事件，图 12.1 所示的日志主题对应 Transfer 事件的两个被 indexed 关键字修饰的变量，也就是 from 和 to。

indexed 标记的参数可以理解为检索事件的索引"键"，方便之后搜索。每个 indexed 参数的大小为固定的 256 比特，如果参数太大（比如字符串），就会自动计算哈希值，并将其存储在主题中。

2. 数 据

事件中不带 indexed 关键字的参数会被存储在 Data 部分中，可以理解为事件的"值"。Data 部分的变量不能被直接检索，但可以存储任意大小的数据。因此 Data 部分通常用来存储复杂的数据结构，如数组和字符串等，因为这些数据超过了 256 比特，即使存储在事件的 Topics 部分中，也是以哈希值的方式存储。另外，Data 部分的变量在存储上消耗的 gas 相比于 Topics 更少。

12.3 在 remix 上演示 Solidity 事件和日志

我们编写一个包含这一讲定义的 Transfer 事件的合约，并部署在 remix 上，然后进行如下操作：

（1）输入参数并调用 _transfer 函数，可以在控制台看到合约的交易记录中生成了日志，如图 12.2 所示。

图 12.2　`_transfer` 函数成功运行并生成日志

（2）点击交易记录查看详情，可以查看日志的具体内容，如图 12.3 所示。

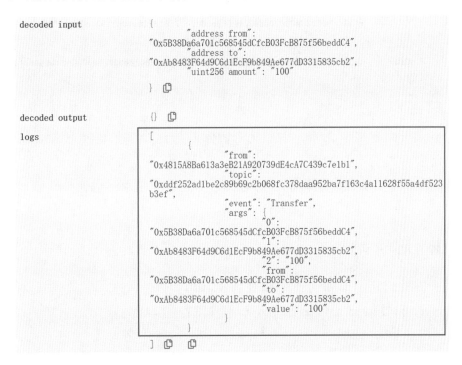

图 12.3　`_transfer` 函数生成日志的具体内容

在 Etherscan 网站上查询事件

Etherscan 网站能够查询以太坊的所有交易记录，同时还提供了若干个测试网络，帮助我们测试 Solidity 合约的部署和运行。

我们尝试用 `_transfer()` 函数在 Rinkeby 测试网络上转账 100 代币，就可以在 Etherscan 网站上查询到相应的转账日志。点击 Logs 按钮，就能看到事件明细，如图 12.4 所示。

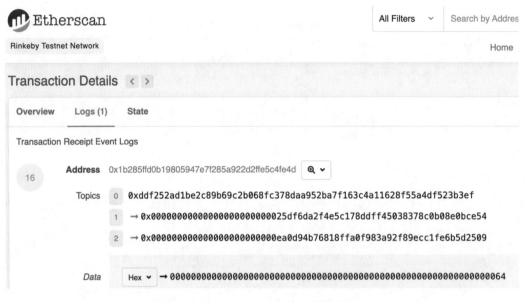

图 12.4　在 Etherscan 网站查看事件明细

Topics 里面有三个元素，索引为 0 的元素为这个事件的哈希值，索引为 1 和 2 的元素为我们定义的两个 indexed 变量的信息，即转账的转出地址和接收地址。Data 里面是剩下的不带 indexed 关键字的变量，也就是转账数量。

12.4　总　结

这一讲我们介绍了如何使用和查询 Solidity 中的事件。很多链上分析工具包括 Nansen 和 Dune Analysis 都是基于事件工作的。

继 承

这一讲我们介绍 Solidity 中的继承（inheritance）。Solidity 中的继承包括简单继承、多重继承，以及修饰器和构造函数的继承。

13.1 继承的基本概念

继承是面向对象编程很重要的组成部分，可以显著减少重复代码。如果把合约看作对象的话，Solidity 也是面向对象的编程，也支持继承。这一讲将被继承的合约称为父合约，将继承父合约的合约称为子合约。

在 Solidity 的继承中要用到两个重要的关键字：

• virtual：父合约中的函数，如果希望子合约重写，则需要用 virtual 关键字声明。

• override：子合约重写了父合约中的函数，则需要用 override 关键字声明。

注意：override 关键字也能修饰 public 变量，此时 Solidity 会重写与变量同名的 getter 函数。例如：

```solidity
mapping(address => uint256) public override balanceOf;
```

13.2 简单继承

我们先写一个简单的爷爷合约 Yeye，里面包含 1 个 Log 事件和 3 个函数：hip()、pop()、yeye()，输出都是 "Yeye"。

```
1  contract Yeye {
2      event Log(string msg);
3
4      // 定义 3 个函数: hip(), pop(), man(), Log 值为 Yeye。
5      function hip() public virtual{
6          emit Log("Yeye");
7      }
8
9      function pop() public virtual{
10          emit Log("Yeye");
11      }
12
13      function yeye() public virtual {
14          emit Log("Yeye");
15      }
16  }
```

我们再定义一个爸爸合约 Baba，让它继承 Yeye 合约，语法就是 contract Baba is Yeye，非常直观。在 Baba 合约里，我们重写一下 hip() 和 pop() 这两个函数，用 override 关键字声明，并将它们的输出改为"Baba"；并且添加一个新的函数 baba()，输出也是"Baba"。

```
1  contract Baba is Yeye{
2      // 继承两个函数: hip() 和 pop()，输出改为 Baba。
3      function hip() public virtual override{
4          emit Log("Baba");
5      }
6
7      function pop() public virtual override{
8          emit Log("Baba");
9      }
10
11      function baba() public virtual{
```

```
12              emit Log("Baba");
13          }
14  }
```

我们部署合约，可以看到 Baba 合约里有 4 个函数，其中 hip() 和 pop() 的输出被成功改写成"Baba"，而继承的 yeye() 的输出仍然是"Yeye"。图 13.1 和图 13.2 展示了 Baba 合约继承和重写的函数运行的结果。图中略去了一些次要信息，主要观察函数释放的事件记录。

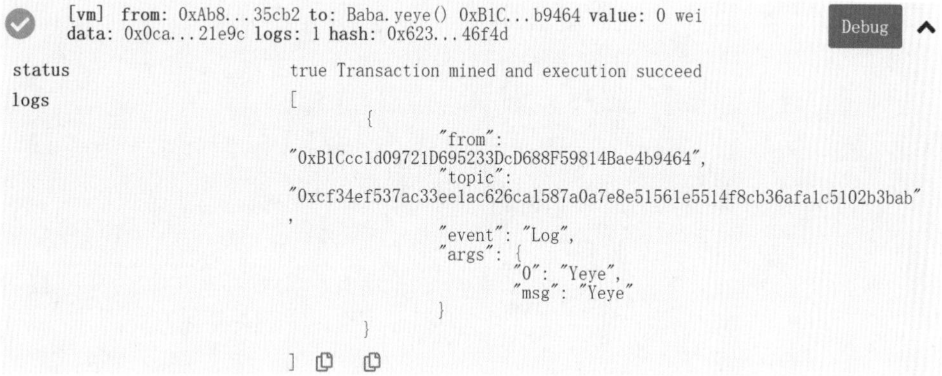

图 13.1 Baba 合约继承的 yeye() 函数运行结果

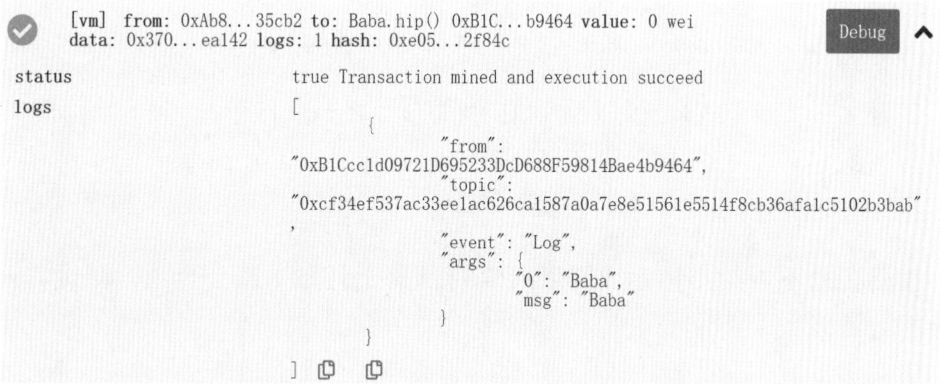

图 13.2 Baba 合约重写的 hip() 函数运行结果

13.3 多重继承

Solidity 的合约可以继承多个合约，但受到如下规则的限制：

（1）继承时要按辈分最高到最低的顺序排列。比如我们写一个 Erzi 合约，继承 Yeye 合约和 Baba 合约，那么就要写成 contract Erzi is

Yeye，Baba，而不能写成 contract Erzi is Baba，Yeye，不然就会在编译时报错。

（2）如果某一个函数在多个继承的合约里都存在，比如 Yeye 合约和Baba 合约中的 hip() 和 pop()，在子合约里必须重写，不然会报错。

（3）重写在多个父合约中有相同名称的函数时，override 关键字后面要加上所有父合约的名字，例如 override(Yeye，Baba)。

按照以上规则，我们编写 Erzi 合约如下：

```
1  contract Erzi is Yeye, Baba {
2      // 继承两个函数：hip() 和 pop()，输出值为 Erzi。
3      function hip() public virtual override(Yeye, Baba) {
4          emit Log("Erzi");
5      }
6
7      function pop() public virtual override(Yeye, Baba) {
8          emit Log("Erzi");
9      }
10 }
```

部署 Erzi 合约后，可以看到合约重写了 hip() 和 hop() 函数，将输出改为"Erzi"。Erzi 合约还分别从 Yeye 和 Baba 合约继承了 yeye() 和baba() 两个函数。

我们在此不再给出图示。读者可自行部署上述的 Erzi 合约，测试其函数的输出结果。

13.4　修饰器的继承

Solidity 中的修饰器同样可以继承，用法与函数继承类似，在相应的地方为修饰器添加 virtual 和 override 关键字即可。例如：

```
1  contract Base1 {
2      modifier exactDividedBy2And3(uint _a) virtual {
```

```
3        require(_a % 2 == 0 && _a % 3 == 0);
4        _;
5    }
6 }
7
8 contract Identifier is Base1 {
9    //计算一个数分别被2除和被3除的值
10   //传入的参数必须是2和3的倍数
11   function getExactDividedBy2And3(uint _dividend)
12       public exactDividedBy2And3(_dividend) pure
13       returns(uint, uint) {
14       return getExactDividedBy2And3WithoutModifier(
15           _dividend);
16   }
17
18   //计算一个数分别被2除和被3除的值
19   function getExactDividedBy2And3WithoutModifier(
20       uint _dividend) public pure returns(uint, uint){
21       uint div2 = _dividend / 2;
22       uint div3 = _dividend / 3;
23       return (div2, div3);
24   }
25 }
```

Identifier 合约可以直接在代码中使用父合约中的 exactDividedBy2And3 修饰器，也可以利用 override 关键字重写修饰器：

```
1 modifier exactDividedBy2And3(uint _a) override {
2    _;
3    require(_a % 2 == 0 && _a % 3 == 0);
4 }
```

我们部署以上合约，在 remix 上测试结果。图 13.3 显示，在修饰器限制下，输入 15 运行 getExactDividedBy2And3 函数会报错，而不受修饰器限

制的 `getExactDividedBy2And3WithoutModifier` 函数则正常调用并输出预期结果。

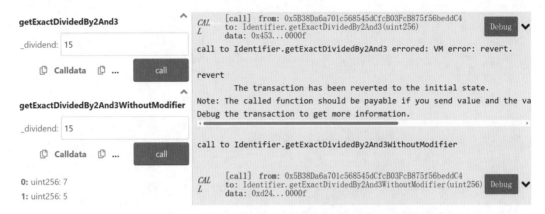

图 13.3　`Identifier` 合约中被修饰器限制的函数运行结果

图 13.4 显示，如果在 `Identifier` 合约中重写了修饰器，去除原有修饰器的限制，那么 `getExactDividedBy2And3` 函数能够正常调用。

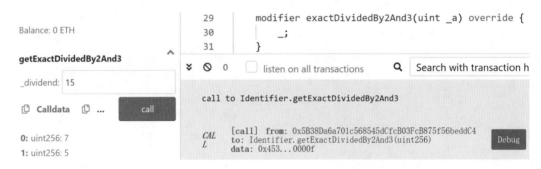

图 13.4　`Identifier` 合约重写修饰器后的运行结果

13.5　构造函数的继承

子合约有两种方法继承父合约的构造函数。举个简单的例子，父合约 A 里面有一个状态变量 a，并由构造函数的参数来确定：

```
1    // 构造函数的继承
2    abstract contract A {
3        uint public a;
4
5        constructor(uint _a) {
```

```
6            a = _a;
7       }
8  }
```

子合约在继承构造函数时有两种方法：

（1）在继承时声明父合约构造函数的参数，例如：

```
1  contract B is A(1) {
2  }
```

（2）在子合约的构造函数中为父合约的构造函数传递参数，例如：

```
1  contract C is A {
2       constructor(uint _c) A(_c * _c) {}
3  }
```

如图 13.5 所示，分别部署合约 B 和合约 C，注意在部署合约 C 时需要向构造函数提供参数，然后观察合约 B 和合约 C 通过构造参数分别为它们继承自合约 A 的状态变量 a 赋值的情况。

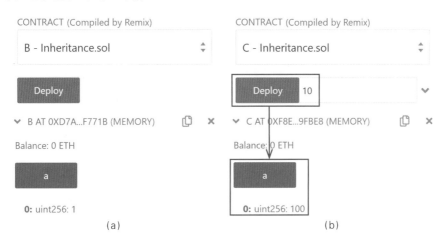

图 13.5 查看合约 B 和合约 C 继承合约 A 的运行结果

13.6 调用父合约的函数

子合约有两种方式调用父合约的函数：第一种是直接调用，第二种是利用 super 关键字来调用。

（1）直接调用：子合约可以直接用"父合约名.函数名()"的方式来调用父合约函数，例如 Yeye.pop()。

```
1  function callParent() public{
2      Yeye.pop();
3  }
```

（2）super 关键字：子合约可以利用"super.函数名()"来调用最近的父合约函数。在 Solidity 的继承中，按照声明继承时从右到左的顺序决定距离。例如子合约声明为 contract Erzi is Yeye, Baba，那么 Baba 是最近的父合约，super.pop() 将调用 Baba.pop() 而不是 Yeye.pop()：

```
1  function callParentSuper() public{
2      super.pop();
3  }
```

在 Erzi 合约中加入上述函数后，在 remix 上部署并测试结果。callParent 函数的运行结果如图 13.6 所示。callParentSuper 函数的运行结果与此类似。

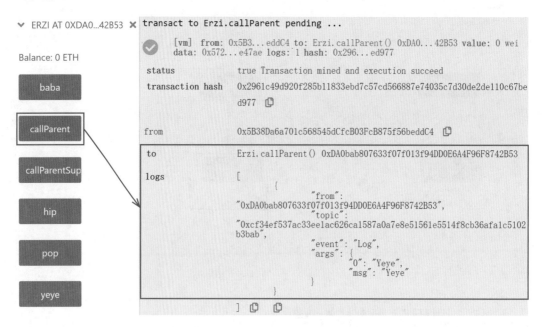

图 13.6　Erzi 合约的 callParent 函数调用父合约函数的运行结果

13.7 钻石继承

在面向对象编程中，钻石继承（菱形继承）指一个派生类同时有两个或两个以上的基类。

在多重 + 菱形继承链条上使用 super 关键字时，需要注意的是使用 super 会调用继承链条上的每一个合约的相关函数，而不是只调用最近的父合约。

例如，我们先写一个合约 God，再写 Adam 和 Eve 两个合约继承 God 合约，最后写一个合约 people 继承自 Adam 和 Eve，每个合约都有 foo 和 bar 两个函数。代码如下：

```
1  // SPDX-License-Identifier: MIT
2  pragma solidity ^0.8.13;
3
4  /* 继承树:
5    God
6    /  \
7  Adam Eve
8    \  /
9  people
10 */
11
12 contract God {
13     event Log(string message);
14
15     function foo() public virtual {
16         emit Log("God.foo called");
17     }
18
19     function bar() public virtual {
20         emit Log("God.bar called");
21     }
22 }
```

```
23
24  contract Adam is God {
25      function foo() public virtual override {
26          emit Log("Adam.foo called");
27      }
28
29      function bar() public virtual override {
30          emit Log("Adam.bar called");
31          super.bar();
32      }
33  }
34
35  contract Eve is God {
36      function foo() public virtual override {
37          emit Log("Eve.foo called");
38      }
39
40      function bar() public virtual override {
41          emit Log("Eve.bar called");
42          super.bar();
43      }
44  }
45
46  contract people is Adam, Eve {
47      function foo() public override(Adam, Eve) {
48          super.foo();
49      }
50
51      function bar() public override(Adam, Eve) {
52          super.bar();
53      }
54  }
```

在这个例子中，调用合约 people 中的 super.bar() 会依次调用 Eve、Adam，最后是 God 合约，如图 13.7 所示。

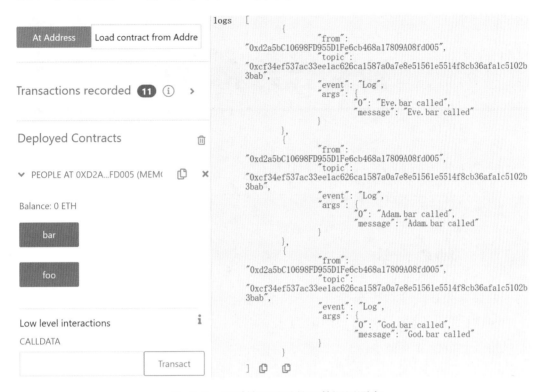

图 13.7 查看钻石继承的函数调用顺序

虽然 Eve 和 Adam 都是 God 的子合约，但整个过程中 God 合约只会被调用一次。原因是 Solidity 借鉴了 Python 的方式，强制一个由基类构成的 DAG（有向无环图）使其保证一个特定的顺序。

更多细节可以查阅 Solidity 的官方文档：

https://solidity-cn.readthedocs.io/zh/develop/contracts.html#index-16

13.8 总 结

这一讲我们介绍了 Solidity 继承的基本用法，包括简单继承、多重继承、修饰器和构造函数的继承、调用父合约中的函数，以及多重继承中的钻石继承（菱形继承）问题。

这一讲我们以 ERC721 的接口合约为例，来介绍 Solidity 中的抽象合约和接口两个概念，同时帮助读者更好地理解 ERC721 标准。

14.1 抽象合约

如果一个智能合约里至少有一个未实现的函数，即某个函数缺少花括号 {} 中的主体内容，则必须将该合约标为 abstract，不然编译会报错；另外，未实现的函数需要加 virtual，以便子合约重写。

例如，在第 10 讲我们用一个合约实现了插入排序的算法。假设我们还没想好具体怎么实现插入排序函数，那么可以编写一份抽象合约，并为其声明 abstract 关键字。别的用户继承这个合约时，需要重写合约中的 insertionSort 函数，自行实现插入排序的算法。

```
1  abstract contract InsertionSort{
2      function insertionSort(uint[] memory a) public pure
3          virtual returns(uint[] memory);
4  }
```

图 14.1 是一个简单的抽象合约的示例，其中我们编写了一个抽象合约 Base，并用 BaseImpl 合约继承 Base 合约。如图所示，BaseImpl 合约继承了 Base 合约的 name 变量，并重写了 getAlias() 函数。

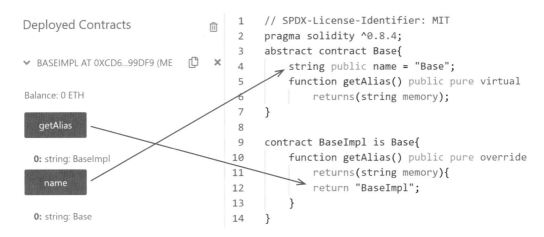

图 14.1　抽象合约 Base 及其继承 BaseImpl 的示例

14.2　接　口

接口类似于抽象合约，但它不实现任何功能。编写一个接口需要遵循以下规则：

（1）不能包含状态变量。

（2）不能包含构造函数。

（3）不能继承除了接口以外的其他合约。

（4）所有函数必须用 external 关键字声明，且不能有函数体。

（5）继承接口的合约必须实现接口定义的所有函数。

在图 14.2 中，我们实现了一个接口 Base，用合约 BaseImpl 继承了这个接口，并实现了接口中的 getFirstName() 和 getLastName() 函数。

14.3　应用：ERC721 标准接口的实现

虽然接口不实现任何功能，但它非常重要。接口是智能合约的骨架，定义了合约的功能以及如何触发它们：如果智能合约实现了某种接口（比如 ERC20 或 ERC721 标准的接口），其他 Dapps（去中心化应用程序）和智能合约就知道如何与它交互，因为接口提供了两个重要的信息：

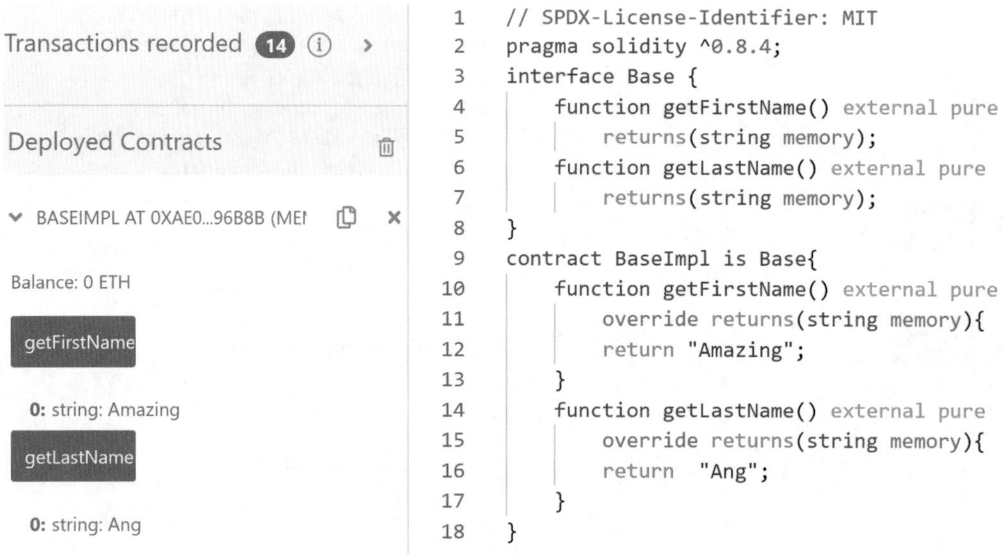

Transactions recorded **14** ⓘ ＞

Deployed Contracts 🗑

∨ BASEIMPL AT 0XAE0...96B8B (ME!) ⧉ ✕

Balance: 0 ETH

getFirstName

0: string: Amazing

getLastName

0: string: Ang

```
1  // SPDX-License-Identifier: MIT
2  pragma solidity ^0.8.4;
3  interface Base {
4      function getFirstName() external pure
5          returns(string memory);
6      function getLastName() external pure
7          returns(string memory);
8  }
9  contract BaseImpl is Base{
10     function getFirstName() external pure
11         override returns(string memory){
12         return "Amazing";
13     }
14     function getLastName() external pure
15         override returns(string memory){
16         return  "Ang";
17     }
18 }
```

图 14.2 接口 Base 及其继承 BaseImpl 的示例

（1）合约里每个函数的选择器（bytes4 类型），以及函数的签名"函数名(每个参数类型)"。

（2）接口的 id（更多信息可参考 EIP-165：https://eips.ethereum.org/EIPS/eip-165）。

另外，接口与合约的 ABI（application binary interface，应用程序二进制接口）等价，可以相互转换：编译接口可以得到合约的 ABI；反之利用 abi-to-sol（https://gnidan.github.io/abi-to-sol/）工具可以将以 json 文件描述的 ABI 转换成接口的 sol 文件。更多关于 ABI 的知识见第 27 讲。

我们以 ERC721 标准的接口合约 IERC721 为例，它定义了 3 个事件和 9 个函数，所有 ERC721 标准的 NFT 都实现了这些函数。我们可以看到，接口和常规合约的区别在于每个函数都以分号"；"代替函数体"{}"作为结尾。

```
1  interface IERC721 is IERC165 {
2      event Transfer(address indexed from,
3          address indexed to, uint256 indexed tokenId);
4      event Approval(address indexed owner, address
5          indexed approved, uint256 indexed tokenId);
6      event ApprovalForAll(address indexed owner,
```

```
 7          address indexed operator, bool approved);
 8
 9      function balanceOf(address owner) external view
10          returns (uint256 balance);
11      function ownerOf(uint256 tokenId) external view
12          returns (address owner);
13      function safeTransferFrom(address from, address to,
14          uint256 tokenId) external;
15      function transferFrom(address from, address to,
16          uint256 tokenId) external;
17      function approve(address to, uint256 tokenId)
18          external;
19      function getApproved(uint256 tokenId) external view
20          returns (address operator);
21      function setApprovalForAll(address operator,
22          bool _approved) external;
23      function isApprovedForAll(address owner,
24          address operator) external view returns (bool);
25      function safeTransferFrom(address from, address to,
26          uint256 tokenId, bytes calldata data) external;
27  }
```

1. IERC721 事件

IERC721 接口包含 3 个事件，其中 Transfer 和 Approval 事件在 ERC20 标准的接口中也有。

• Transfer 事件：在转账时被释放，记录代币的发出地址 from、接收地址 to 和 tokenid。

• Approval 事件：在授权时释放，记录授权地址 owner、被授权地址 approved 和 tokenid。

• ApprovalForAll 事件：在批量授权时释放，记录批量授权的发出地址 owner、被授权地址 operator 和授权与否的结果 approved。

2. IERC721 函数

- `balanceOf`：返回某地址的 NFT 持有量 `balance`。

- `ownerOf`：返回某个 `tokenId` 的主人 `owner`。

- `transferFrom`：普通转账，参数为转出地址 `from`、接收地址 `to` 和 `tokenId`。

- `safeTransferFrom`：安全转账（如果接收方是合约地址，会要求实现 ERC721Receiver 标准的接口）。参数为转出地址 `from`、接收地址 `to` 和 `tokenId`。

- `approve`：授权另一个地址使用自己的 NFT。参数为被授权地址 `approve` 和 `tokenId`。

- `getApproved`：查询 `tokenId` 被批准给了哪个地址。

- `setApprovalForAll`：将自己持有的该系列 NFT 批量授权给某个地址 `operator`。

- `isApprovedForAll`：查询某地址的 NFT 是否批量授权给了另一个 `operator` 地址。

- `safeTransferFrom`：安全转账函数的重载版本，额外包含了 `data` 参数。

3. 什么时候使用接口？

如果我们知道一个合约实现了 `IERC721` 接口，我们不需要知道它具体代码实现，就可以与它交互。

无聊猿 BAYC 属于 ERC721 代币，实现了 `IERC721` 接口的功能。我们不需要知道它的源代码，只需知道它的合约地址，用 `IERC721` 接口就可以与它交互，比如用 `balanceOf()` 来查询某个地址的 BAYC 余额，用 `safeTransferFrom()` 来转账 BAYC。

```
1  contract interactBAYC {
2      // 利用BAYC地址创建接口合约变量（ETH主网）
3      IERC721 BAYC = IERC721
4          (0xBC4CA0EdA7647A8aB7C2061c2E118A18a936f13D);
5
6      // 通过接口调用BAYC的balanceOf()查询持仓量
7      function balanceOfBAYC(address owner) external view
              returns (uint256 balance){
8          return BAYC.balanceOf(owner);
9      }
10
11     // 通过接口调用BAYC的safeTransferFrom()安全转账
12     function safeTransferFromBAYC(address from, address
              to, uint256 tokenId) external{
13         BAYC.safeTransferFrom(from, to, tokenId);
14     }
15 }
```

14.4　总　结

这一讲介绍了 Solidity 中的抽象合约和接口，它们用来编写特定规范的模板，以减少代码冗余。我们还简要介绍了 ERC721 标准的接口合约 `IERC721`，以及如何利用它与无聊猿 BAYC 合约进行交互。

异 常

这一讲我们将介绍 Solidity 语言中的三种抛出异常的方法：error、require 和 assert，并比较三种方法的 gas 消耗。

15.1 异 常

大家在编写代码时经常会遇到 bug，用 Solidity 写智能合约也不例外。合理利用异常命令，有助于我们快速找到和修复代码中的 bug。

1. error 关键字

error 关键字是 Solidity 0.8.4 版本新增的关键字，能够方便且高效地向用户解释操作失败的原因，同时还可以在抛出异常的同时携带参数，帮助开发者更好地调试。用户可以在合约的范围之外定义异常。

下面，我们定义一个 TransferNotOwner 异常，当用户不是代币的持有者（owner）的时候尝试转账，就会抛出错误：

```
error TransferNotOwner(); // 自定义 error
```

我们也可以改写 TransferNotOwner 异常的定义，为其传递一个参数，来提示尝试转账的账户地址：

```
// 自定义的带参数的 error
error TransferNotOwner(address sender);
```

在执行当中，error 必须搭配回退命令 revert 使用，例如：

```
1  function transferOwner1(uint256 tokenId,
2      address newOwner) public {
3      if(_owners[tokenId] != msg.sender){
4          revert TransferNotOwner();
5          // revert TransferNotOwner(msg.sender);
6      }
7      _owners[tokenId] = newOwner;
8  }
```

上面的代码中，我们定义了一个 transferOwner1() 函数，它会检查代币的 owner 是不是发起人，如果不是，就会抛出 TransferNotOwner 异常；如果是的话，就会转账。

2. require 命令

require 命令是 Solidity 0.8 版本之前抛出异常的常用方法，目前很多主流合约仍然还在使用它。它很好用，唯一的缺点就是 gas 消耗随着描述异常的字符串长度增加，比 error 命令的消耗要高。

require 命令的语法为：

```
require(condition, description);
```

其中 condition 为 require 命令所检查的条件，当条件不成立时，抛出异常；description 为描述异常的字符串，在抛出异常时输出到日志中。

我们用 require 命令重写一下上面的 transferOwner 函数：

```
1  function transferOwner2(uint256 tokenId,
2      address newOwner) public {
3      require(_owners[tokenId] == msg.sender,
4          "Transfer Not Owner");
5      _owners[tokenId] = newOwner;
6  }
```

3. assert 命令

assert 命令一般用于程序员对程序进行错误排查（debug）。因为它比 require 命令少了字符串的输入，所以不能解释抛出异常的原因。

assert 命令的语法为：

```
assert(condition);
```

其中 condition 为要检查的条件，当条件不成立时，抛出异常。

我们用 assert 命令重写一下上面的 transferOwner 函数：

```
1  function transferOwner3(uint256 tokenId, address
       newOwner) public {
2      assert(_owners[tokenId] == msg.sender);
3      _owners[tokenId] = newOwner;
4  }
```

15.2 在 remix 上演示异常

我们编写一个合约包含以上三个函数。部署合约后，输入正整数和地址参数来调用函数，结果如图 15.1 ~ 图 15.3 所示。其中，transferOwner1 函数抛出了我们自定义的异常 TransferNotOwner；transferOwner2 函数抛出了 require 命令造成的异常，并打印出 require 命令的字符串；transferOwner3 函数只是抛出了异常，没有额外的输出。

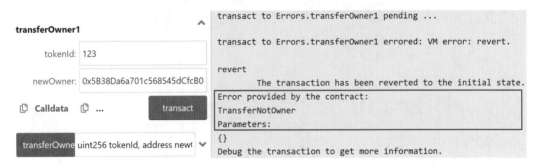

图 15.1 抛出 TransferNotOwner 异常

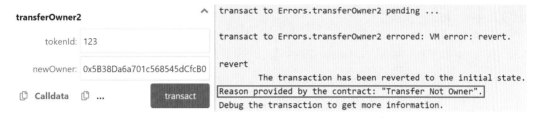

图 15.2 由 `require` 命令抛出异常并打印字符串

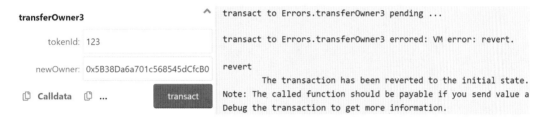

图 15.3 由 `assert` 命令抛出异常

15.3　三种方法的 gas 消耗比较

我们比较一下三种抛出异常的 gas 消耗。点击 remix 控制台的"Debug"按钮，可以查询到每次函数调用的 gas 消耗为（使用 0.8.17 版本编译）：

- `error` 方法的 gas 消耗：24457（加入参数后的 gas 消耗为 24660）。

- `require` 方法的 gas 消耗：24755。

- `assert` 方法的 gas 消耗：24473。

我们可以看到，`error` 方法消耗的 gas 最少，其次是 `assert` 方法，`require` 方法消耗 gas 最多。因此，`error` 既可以告知用户抛出异常的原因，又能节约 gas 消耗，推荐读者在编写和测试自己的合约中尽量使用 `error`（注意，由于部署测试时间的不同，每个函数的 gas 消耗会有所不同，但是比较结果会是一致的）。

备注：Solidity 0.8.0 之前的版本，`assert` 抛出的是一个 panic exception，会把剩余的 gas 全部消耗，不会返还。更多细节见官方文档：

https://docs.soliditylang.org/en/v0.8.17/control-structures.html

15.4 总 结

这一讲我们介绍了 Solidity 三种抛出异常的方法：error、require 和 assert，并比较了三种方法的 gas 消耗。经过测试可以得出结论，error 既可以告知用户抛出异常的原因，又能节省 gas 消耗，是推荐使用的抛出异常的方法。

函数重载

Solidity 中允许函数进行重载（overloading），即名字相同但输入参数类型不同的函数可以同时存在，它们被视为不同的函数。注意，Solidity 不允许对修饰器进行重载。

16.1 函数重载的例子

例如，我们定义两个函数，名称都是 saySomething。不同的是，一个没有任何参数，输出"Nothing"；另一个接收一个类型为 string 的参数，输出这个字符串。具体代码如下：

```
1  function saySomething() public pure
2      returns(string memory){
3      return("Nothing");
4  }
5
6  function saySomething(string memory something)
7      public pure returns(string memory){
8      return(something);
9  }
```

在经过编译器编译后，两个函数由于具有不同的参数类型，变成了不同的选择器（selector）。在本书的第 29 讲将会详细介绍选择器的相关知识。

我们将两个重载函数 saySomething() 和 saySomething(string memory something) 写入合约，编译并部署后分别进行调用，其结果如

图 16.1 所示。可以看到函数的两个重载版本被区分为不同的函数，也返回了不同的结果。

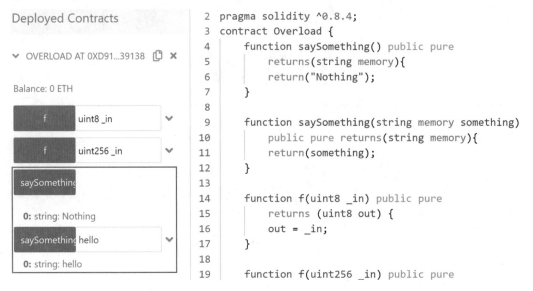

图 16.1 调用两个重载函数的运行结果

16.2 实参匹配（argument matching）

在调用重载函数时，会把输入的实际参数和函数参数的变量类型进行匹配。如果出现多个匹配的重载函数，则会报错。

例如，有两个名为 f() 的函数，参数类型分别为 uint8 和 uint256：

```
1 function f(uint8 _in) public pure
2     returns (uint8 out) {
3     out = _in;
4 }
5
6 function f(uint256 _in) public pure
7     returns (uint256 out) {
8     out = _in;
9 }
```

我们在合约中试着调用 f(50)。因为整数 50 既可以被转换为 uint8 类型，也可以被转换为 uint256 类型，编译器不能确定调用的函数应该用哪一个重载的版本，因而报错，如图 16.2 所示。

```
TypeError: No unique declaration found
after argument-dependent lookup.
--> Overloading.sol:26:16:
|
26 | return f(50);
| ^
Note: Candidate:
--> Overloading.sol:14:5:
|
14 | function f(uint8 _in) public pure
| ^ (Relevant source part starts here and
spans across multiple lines).
Note: Candidate:
--> Overloading.sol:19:5:
|
19 | function f(uint256 _in) public pure
| ^ (Relevant source part starts here and
spans across multiple lines).
```

```
14    function f(uint8 _in) public pure
15        returns (uint8 out) {
16        out = _in;
17    }
18
19    function f(uint256 _in) public pure
20        returns (uint256 out) {
21        out = _in;
22    }
23
24    function w() public pure
25        returns(uint256 out) {
26        return f(50);
27    }
28 }
```

图 16.2　重载函数实参匹配问题导致编译错误

因此，在实际使用重载函数时，最好能够让不同重载函数的参数有较大的区分度，比如参数个数不同、以整数类型和字符串类型区分参数，等等。

16.3　总　结

这一讲我们介绍了 Solidity 中函数重载的基本用法：名字相同但输入参数类型不同的函数可以同时存在，它们被视为不同的函数。

库合约

这一讲我们以 ERC721 协议引用的库合约 Strings 为例，介绍 Solidity 中的库合约（library）的概念，并总结常用的一些库函数。

17.1 库合约

库合约是一种特殊的合约，其目的是提升 Solidity 代码的复用性，以及减少合约运行的 gas 消耗。一份库合约中包含着一些为特定目的编写的函数（库函数）。许多专业的项目方，以及 Solidity 社区的一些专业程序员会将他们编写的 Solidity 库合约开源发布到 GitHub 等代码平台，供大家使用和互相分享。

库合约和普通合约主要有以下几点不同：

（1）库合约不能存在状态变量。

（2）库合约不能继承别的合约，也不能被继承。

（3）库合约不能接收 ETH。

（4）库合约不能被销毁。

17.2 示例：Strings 库合约

区块链应用程序标准化组织 OpenZeppelin 为 Solidity 合约开发的方便性和安全性开发了一系列库合约，被 ERC721 等标准协议使用。其中的 Strings 库合约提供了许多处理字符串的函数，比如将 uint256 类型转换为相应的 string 类型。

我们在此实现一个简化版本的 Strings 库合约，代码如下：

```
1  library Strings {
2      bytes16 private constant _HEX_SYMBOLS =
3          "0123456789abcdef";
4
5      /**
6       * @dev 将一个uint256转换为十进制类型表示的ASCII字符串
7       */
8      function toString(uint256 value) public pure
9          returns (string memory) {
10          if (value == 0) {
11              return "0";
12          }
13          uint256 temp = value;
14          uint256 digits;
15          while (temp != 0) {
16              digits++;
17              temp /= 10;
18          }
19          bytes memory buffer = new bytes(digits);
20          while (value != 0) {
21              digits -= 1;
22              buffer[digits] = bytes1(uint8(48 +
23                  uint256(value % 10)));
24              value /= 10;
25          }
26          return string(buffer);
27      }
28
29      /**
30       * @dev 将一个uint256转换为十六进制类型表示的ASCII字符串
31       */
32      function toHexString(uint256 value) public pure
```

```
33          returns (string memory) {
34              if (value == 0) {
35                  return "0x00";
36              }
37              uint256 temp = value;
38              uint256 length = 0;
39              while (temp != 0) {
40                  length++;
41                  temp >>= 8;
42              }
43              return toHexString(value, length);
44          }
45
46          /**
47           * @dev 将一个uint256转换为十六进制类型表示的
48           *       定长ASCII字符串
49           */
50          function toHexString(uint256 value, uint256 length)
51              public pure returns (string memory) {
52              bytes memory buffer = new bytes(2 * length + 2);
53              buffer[0] = "0";
54              buffer[1] = "x";
55              for (uint256 i = 2 * length + 1; i > 1; --i) {
56                  buffer[i] = _HEX_SYMBOLS[value & 0xf];
57                  value >>= 4;
58              }
59              require(value == 0,
60                  "Strings: hex length insufficient");
61              return string(buffer);
62          }
63      }
```

这份库合约主要包含两个函数：toString() 和 toHexString()。
toString() 函数将 uint256 类型的整数表达为十进制形式输出到字符串

中；toHexString() 则将 uint256 类型的整数表达为十六进制形式输出，并加上十六进制数字常用的 0x 前缀。

17.3 使用库合约的方法

我们用 Strings 库合约中的 toHexString() 函数来演示两种使用库合约中的函数的方法。

1. 利用 using for 指令

using for 指令的格式为：

```
using A for B;
```

其中 A 是库合约的名称，B 是 Solidity 中的数据类型名。这条指令的作用是将库合约 A 中的函数自动添加为 B 类型变量的成员函数，可以直接调用。

注意：在以变量的成员函数形式调用库合约中的函数时，变量本身会被当作函数的第一个参数被传递，因此需要书写的参数少一个。

```
1  // 利用 using for 指令
2  using Strings for uint256;
3  function getString1(uint256 _number)
4      public pure returns(string memory){
5      // 库函数会自动添加为 uint256 型变量的成员
6      return _number.toHexString();
7  }
```

2. 通过库合约名称调用库函数

这种方法类似其他编程语言中的"静态方法"或者"类方法"：

```
1  // 直接通过库合约名调用
2  function getString2(uint256 _number)
3      public pure returns(string memory){
4      return Strings.toHexString(_number);
5  }
```

我们部署好库合约和测试用的合约，将整数 170 作为参数调用两个函数，如图 17.1 所示。两种方法均能返回正确的十六进制字符串"0xaa"，证明我们成功调用了库合约中的函数。

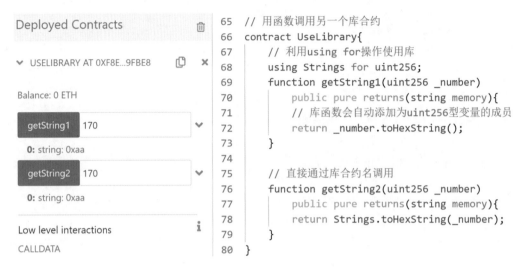

图 17.1 库合约的函数调用结果

17.4 总 结

这一讲我们实现了一个 ERC721 协议引用的库合约 Strings 的简化版本，以此来介绍 Solidity 中的库合约。实际的开发过程中，绝大部分功能都有编写好的库合约，建议读者多了解一些常用和热门的库合约，熟悉它们的使用场景。合理调用库合约，能够省去自己编写所带来的时间开销，并避免不必要的 bug。

笔者在此总结 OpenZeppelin 为我们带来的一些常用的库合约：

（1）Strings：将 uint256 类型的整数转为字符串。

https://github.com/OpenZeppelin/openzeppelin-contracts/blob/master/contracts/utils/Strings.sol

（2）Address：判断某个地址是否为合约地址。

https://github.com/OpenZeppelin/openzeppelin-contracts/blob/master/contracts/utils/Address.sol

（3）Create2：更安全地使用 EVM 操作码 CREATE2（详见第 25 讲）。

https://github.com/OpenZeppelin/openzeppelin-contracts/blob/master/contracts/utils/Create2.sol

（4）Arrays：与数组相关的一系列库函数。

https://github.com/OpenZeppelin/openzeppelin-contracts/blob/master/contracts/utils/Arrays.sol

第 **18** 讲

导入其他合约

在 Solidity 中，import 关键字可以帮助我们在一个文件中引用另一个文件的内容，提高代码的可重用性和组织性。这一讲将介绍如何在 Solidity 中使用 import 关键字。

18.1 import 关键字

用 import 关键字可导入其他合约中的一个或多个全局符号，一般是普通合约、库合约或者接口。如果不具体指定导入的符号，则会将导入文件的所有全局符号加载到当前的全局作用域中。

注意：import 关键字应该写在版本号声明之后，其他代码之前。

1. 导入文件的位置

import 关键字支持以下几种文件位置：

· 通过源文件的相对位置导入。假设在我们的 Solidity 项目目录下有两个合约文件 Import.sol 和 Yeye.sol，那么在 Import.sol 中导入 Yeye.sol 的写法为：

```
// 通过源文件相对位置导入
import './Yeye.sol';
```

· 通过源文件网址导入网上的合约中的全局符号，例如：

```
// 通过源文件网址导入
import 'https://github.com/OpenZeppelin/openzeppelin-
    contracts/blob/master/contracts/utils/Address.sol';
```

- 通过 npm 包管理器的目录导入，例如：

```
import '@openzeppelin/contracts/access/Ownable.sol';
```

2. 导入一个或多个指定的符号

上一小节的几种方法均导入全部符号。如果只导入一个或多个指定的符号，则使用 import ... from 语句，将符号在花括号内列举出来：

```
import {Yeye} from './Yeye.sol';
```

18.2 测试导入结果

此处我们导入第 13 讲编写的 Yeye 合约，并用以下代码测试导入结果：

```
1  // SPDX-License-Identifier: MIT
2  pragma solidity ^0.8.4;
3
4  import {Yeye} from './Yeye.sol';
5
6  contract Import {
7      // 成功导入 Address 库
8      using Address for address;
9      // 声明 yeye 变量
10     Yeye yeye = new Yeye();
11
12     // 测试是否能调用 yeye 的函数
13     function test() external{
14         yeye.hip();
15     }
16 }
```

如图 18.1 所示，Yeye 合约被成功导入，其中的 hip() 函数成功被 test() 函数调用，并释放出信号。

```solidity
1   // SPDX-License-Identifier: MIT
2   pragma solidity ^0.8.4;
3
4   // 通过文件相对位置import
5   import './Yeye.sol';
6   // 通过`全局符号`导入特定的合约
7   import {Yeye} from './Yeye.sol';
8   // 通过网址引用
9   import 'https://github.com/OpenZeppelin/openzeppelin-contracts/blob/ma
10  // 引用oppenzepplin合约
11  import '@openzeppelin/contracts/access/Ownable.sol';
12
13  contract Import {
14      // 成功导入Address库
15      using Address for address;
16      // 声明yeye变量
17      Yeye yeye = new Yeye();
18
19      // 测试是否能调用yeye的函数
20      function test() external{
21          yeye.hip();
22      }
23  }
```

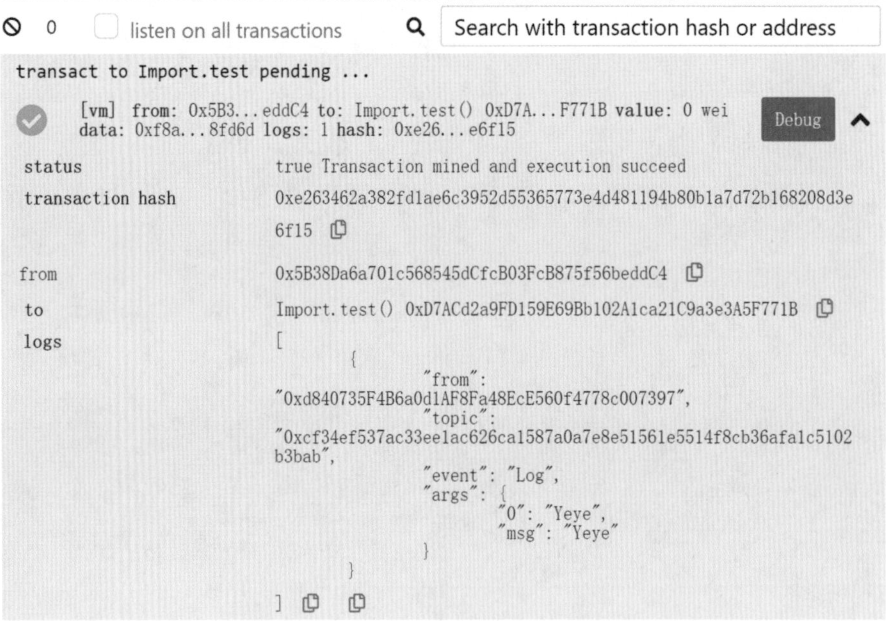

图 18.1　导入合约 Yeye 并调用函数

18.3　总　结

　　这一讲我们介绍了利用 import 关键字导入外部源代码的方法。import 关键字可以让我们导入自己编写的其他文件中的合约或者函数，也可以直接导入别人写好的代码，非常方便。

接收ETH

Solidity 支持两种特殊的回调函数，分别是 `receive()` 和 `fallback()`，它们分别在以下两种情形被使用：

（1）接收 ETH 时，使用 `receive()`。

（2）处理合约中不存在的函数调用，或用于代理合约（proxy contract）时，使用 `fallback()`。

注意：在 Solidity 0.6.x 版本前，语法上只有 `fallback()` 函数，既在接收用户发送的 ETH 时调用，也在被调用函数签名没有匹配到时调用。到了 0.6.x 版本以后，Solidity 才将 `fallback()` 函数拆分成 `receive()` 和 `fallback()` 两个函数。

19.1 接收ETH的回调函数 receive()

`receive()` 函数是在合约收到 ETH 转账时被调用的函数。一个合约最多有一个 `receive()` 函数，声明方式与一般函数不同，不需要 `function` 关键字：

```
receive() external payable { ... }
```

`receive()` 函数不能有任何的参数，不能返回任何值，必须声明关键字 `external` 和 `payable`。

当合约接收 ETH 的时候，`receive()` 会被触发。`receive()` 最好不要执行太多的逻辑，因为如果其他合约用 `send` 和 `transfer` 方法发送 ETH 的话，gas 消耗会被限制在 2300，`receive()` 的逻辑太复杂可能会触发 Out of Gas 报错；如果使用 `call` 发送 ETH，就可以自定义 gas 执行更复杂的逻辑（这三种发送 ETH 的方法我们之后会讲到）。

我们可以在 receive() 里释放一个事件，例如：

```
1  // 定义事件
2  event receivedCalled(address Sender, uint Value);
3  // 接收ETH时释放receivedCalled事件
4  receive() external payable {
5      emit receivedCalled(msg.sender, msg.value);
6  }
```

有些恶意合约，会在 receive() 函数（老版本的话，就是 fallback()
函数）嵌入恶意消耗 gas 的内容或者使得执行故意失败的代码，导致一些包含
退款和转账逻辑的合约不能正常工作，因此写包含退款等逻辑的合约时候，一
定要注意这种情况。

19.2　回退函数 fallback()

fallback() 函数会在调用合约不存在的函数时被触发。可用于接收
ETH，也可以用于代理合约。声明 fallback() 函数时不需要 function 关
键字，但必须声明 external 关键字，一般也会同时声明 payable 关键字，
用于接收 ETH：

```
1  fallback() external payable { ... }
```

我们定义一个 fallback() 函数，被触发时候会释放 fallbackCalled
事件，并输出 msg.sender、msg.value 和 msg.data：

```
1  event fallbackCalled(
2      address Sender, uint Value, bytes Data);
3
4  // fallback
5  fallback() external payable{
6      emit fallbackCalled(msg.sender,
7          msg.value, msg.data);
8  }
```

19.3 两种回调函数的区别

receive() 和 fallback() 回调函数都能够用于接收 ETH,但它们触发的规则有所不同,如图 19.1 所示。

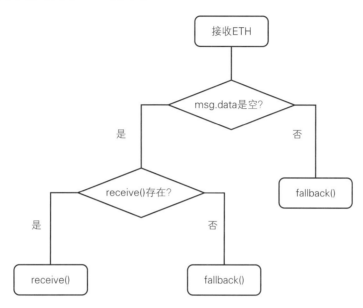

图 19.1 receive() 和 fallback() 回调函数的触发条件

简单来说,合约接收 ETH 时,如果 msg.data 为空,且存在 receive() 函数,那么会触发 receive() 函数;如果 msg.data 不为空,或者不存在 receive() 函数,那么会触发 fallback() 函数,此时 fallback() 必须声明 payable 关键字。

receive() 和 payable fallback() 回调函数均不存在的时候,向合约直接发送 ETH 将会报错(其他用户仍可以通过带有 payable 的函数向合约发送 ETH)。

19.4 在 remix 上演示回调函数

我们将这一讲的内容写入合约,编译并部署之后,按照以下步骤操作:

(1)在部署界面中的"VALUE"一栏填入要发送给合约的金额(单位是 wei),然后在部署的合约界面中点击"Transact",如图 19.2 所示。

（a）在部署合约处输入VALUE　　　（b）在Fallback合约中点击Transact

图 19.2　设定金额并发送给合约

（2）如图 19.3 所示，交易成功，日志显示释放了 receivedCalled 事件，事件中获取了消息的 value 参数，也就是收到的金额。

图 19.3　received() 回调函数释放了 receivedCalled 事件

（3）在"VALUE"一栏填入要发送给合约的金额（单位是 wei），并在部署的合约界面中的"CALLDATA"一栏填入一些随意编写的数据，如 0xabcd，然后点击"Transact"，如图 19.4 所示。

（4）如图 19.5 所示，交易成功，日志显示释放了 fallbackCalled 事件，事件中获取了消息的 value 和 data 参数，分别是填写的金额和 CALLDATA 数据。

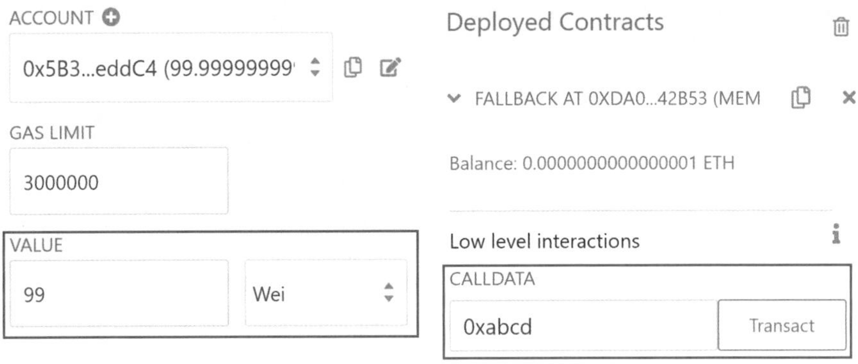

图 19.4　设定金额和数据并发送给合约

图 19.5　`fallback()` 回调函数释放了 `fallbackCalled` 事件

19.5　总　结

这一讲我们介绍了 Solidity 中的两种特殊函数：`receive()` 和 `fall-back()`。它们用于处理接收 ETH 和代理合约，分别在以下两种不同的情况下被使用：

（1）接收 ETH 时，使用 `receive()`。

（2）处理合约中不存在的函数调用，或用于代理合约时，使用 `fall-back()`。

第 **20** 讲

发送ETH

Solidity 有三种方法向其他合约发送 ETH：`transfer()`、`send()` 和 `call()`。其中`call()`是当前推荐的用法，这一讲我们将逐一介绍。

20.1 接收ETH的合约

我们先部署一个接收 ETH 的合约 ReceiveETH。合约里首先定义了一个名为 Log 的事件，用于在日志中记录收到的 ETH 数量和 gas 的剩余量。ReceiveETH 合约还包括两个函数：一个是 receive() 函数，会在收到其他合约转入的 ETH 时被触发，并释放 Log 事件；另一个是查询合约 ETH 余额的 getBalance() 函数。

```
1  contract ReceiveETH {
2      // 收到ETH事件，记录amount和gas
3      event Log(uint amount, uint gas);
4
5      // receive方法，接收ETH时被触发
6      receive() external payable{
7          emit Log(msg.value, gasleft());
8      }
9
10     // 返回合约ETH余额
11     function getBalance() view public returns(uint) {
12         return address(this).balance;
13     }
14 }
```

部署该合约后，运行 getBalance() 函数，可以看到当前合约的 ETH 余额为 0，如图 20.1 所示。

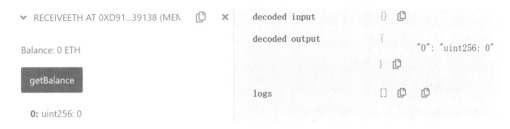

图 20.1　查看 ReceiveETH 合约的 ETH 余额

20.2　发送 ETH 的合约

我们将分别使用三种方法向 ReceiveETH 合约发送 ETH。为此，我们新建一个用来发送 ETH 的合约 SendETH，在其中实现 payable 的构造函数和 receive() 回调函数，让我们能够在部署时和部署后向合约转账。

```
1  contract SendETH {
2      // 构造函数，payable 使得部署的时候可以转 ETH 进去
3      constructor() payable{}
4      // receive 方法，接收 ETH 时被触发
5      receive() external payable{}
6  }
```

1. 使用 transfer() 发送 ETH

transfer() 函数的用法是：

```
_Address.transfer(amount);
```

其中 _Address 是接收方的地址，amount 是发送 ETH 的数量。

使用 transfer() 函数时要注意以下两点：

（1）transfer() 的 gas 限制是 2300，用于转账是足够的，但对方合约的 receive() 函数或 fallback() 函数不能实现太复杂的逻辑。

（2）transfer() 如果转账失败，会自动 revert（回滚交易）。

代码样例如下：

```
1  // 用transfer()发送ETH
2  function transferETH(address payable _to,
3      uint256 amount) external payable{
4      _to.transfer(amount);
5  }
```

将以上代码编入 SendETH 合约，部署之后，填入 ReceiveETH 的地址和金额，调用 transferETH() 函数发送 ETH。如图 20.2 所示，因为要交易的数量（amount）为 10，而调用函数时填入的 value 为 0，不够用来交易，所以交易失败而发生回滚（revert）。

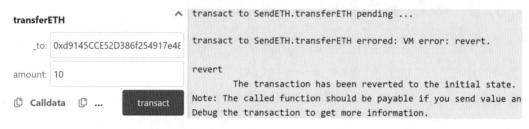

图 20.2　余额不够时 transferETH() 交易失败并发生回滚

我们在部署合约的界面将 value 改为 10，再调用 transferETH() 函数，重新发起交易。如图 20.3 所示，本次交易成功。

图 20.3　transferETH() 转账成功

回到 ReceiveETH 合约，调用 getBalance() 函数，可以看到合约的

ETH 余额为 10（单位为 wei），如图 20.4 所示。

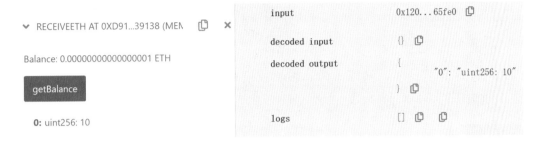

图 20.4　查看 ReceiveETH 合约的余额

2. 使用 send() 发送 ETH

send() 函数的用法是：

```
_bool = _Address.send(amount);
```

其中 _Address 是接收方的地址，amount 是发送 ETH 的数量。

使用 send() 函数时要注意以下三点：

（1）send() 的 gas 限制是 2300，用于转账是足够的，但对方合约的 receive() 函数或 fallback() 函数不能实现太复杂的逻辑。

（2）send() 如果转账失败，不会自动回滚。

（3）send() 函数会返回一个布尔类型的值，代表转账成功或失败。可使用这个返回值进行额外的处理。

代码样例如下：

```
1 error SendFailed(); // 用 send 发送 ETH 失败 error
2
3 // send() 发送 ETH
4 function sendETH(address payable _to,
5     uint256 amount) external payable{
6     // 处理 send 的返回值，如果失败，revert 交易并发送 error
7     bool success = _to.send(amount);
8     if(!success){
9         revert SendFailed();
```

```
10          }
11   }
```

仿照上一小节，先设定 value 为 0，再设定 amount 为 10，试图发送
ETH。如图 20.5 所示，转账失败，由于我们在代码中主动抛出了异常，所以发
生了回滚。

图 20.5 余额不够时 sendETH() 交易失败并发生回滚

我们再将 value 改为 11，amount 为 10，转账成功，如图 20.6 所示。

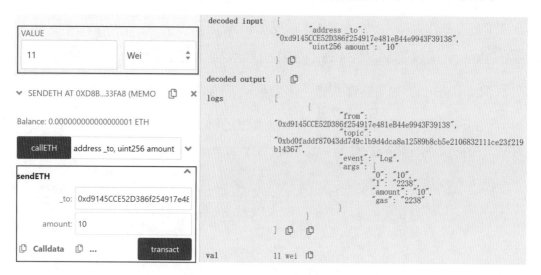

图 20.6 sendETH() 交易成功

3. 使用 call() 发送 ETH

call() 函数的用法是：

```
(_bool, _data) = _Address.call{value: amount}(_bytes);
```

其中 _Address 是接收方的地址，amount 是发送 ETH 的数量。{value：amount} 是 Solidity 函数调用的特殊用法，位于函数名和参数之间，用于指定一些交易信息。call() 函数带一个 bytes 类型参数用于发送额外的二进制数据。详细介绍和用法见第 22 讲。

使用 call() 函数时要注意以下三点：

（1）call() 没有 gas 限制，可以支持对方合约的 fallback() 或 receive() 函数实现复杂逻辑。

（2）call() 如果转账失败，不会自动回滚。

（3）call() 有两个返回值。第一个返回值 _bool 是布尔类型的值，代表着转账成功或失败，可使用这个返回值进行额外的处理；第二个返回值 _data 为对方返回的消息数据。

代码样例如下：

```
1  error CallFailed(); // 用 call 发送 ETH 失败 error
2
3  // call() 发送 ETH
4  function callETH(address payable _to,
5      uint256 amount) external payable{
6      // 处理 call 的返回值，如果失败，revert 交易并发送 error
7      (bool success,) = _to.call{value: amount}("");
8      if(!success){
9          revert CallFailed();
10     }
11 }
```

仿照上一小节，先设定 value 为 0，再设定 amount 为 10，试图发送 ETH。如图 20.7 所示，转账失败，由于我们在代码中主动抛出了异常，所以发生了回滚。

我们再将 value 改为 11，amount 为 10，转账成功，如图 20.8 所示。

运行三种方法，可以看到，它们都可以成功地向 ReceiveETH 合约发送 ETH。

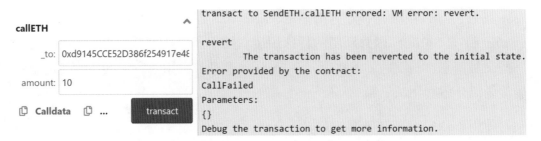

图 20.7 余额不够时 callETH() 交易失败并发生回滚

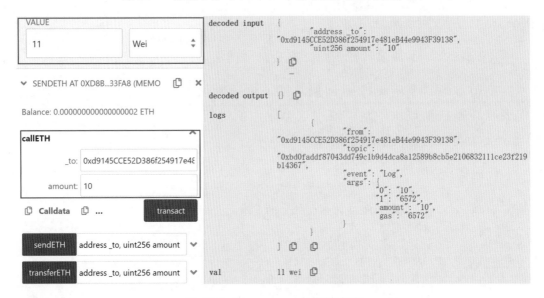

图 20.8 callETH() 交易成功

20.3 总 结

这一讲我们介绍了 Solidity 中三种发送 ETH 的方法：transfer、send 和 call。三者的特点是：

（1）call 没有 gas 限制，最为灵活，是最推荐的方法。

（2）transfer 有 2300 gas 限制，但是发送失败会自动回滚交易，是次优选择。

（3）send 有 2300 gas 限制，而且发送失败不会自动回滚交易，所以现今使用的人很少。

调用其他合约

21.1 调用已部署合约

在 Solidity 中，一个合约可以调用另一个合约的函数，这在构建复杂的 DApps 时非常有用。这一讲将介绍如何在已知合约代码（或接口）和地址的情况下，调用已部署的合约。

21.2 编写目标合约

我们先写一个简单的合约 OtherContract，用于被其他合约调用：

```
1  contract OtherContract {
2      uint256 private _x = 0; // 状态变量_x
3      // 收到ETH的事件, 记录amount和gas
4      event Log(uint amount, uint gas);
5
6      // 返回合约ETH余额
7      function getBalance() view public returns(uint) {
8          return address(this).balance;
9      }
10
11     // 可以调整状态变量_x的函数, 并且可以往合约转ETH (payable)
12     function setX(uint256 x) external payable{
13         _x = x;
14         // 如果转入ETH, 则释放Log事件
15         if(msg.value > 0){
```

```
16              emit Log(msg.value, gasleft());
17          }
18      }
19
20      // 读取 _x
21      function getX() external view returns(uint x){
22          x = _x;
23      }
24  }
```

这个合约包含一个状态变量 _x，一个在收到 ETH 时触发的事件 Log，以及三个函数：

- getBalance()：返回合约的 ETH 余额。

- setX()：声明为 external payable 类型的函数，可以设置 _x 的值，并向合约发送 ETH。

- getX()：读取 _x 的值。

由于状态变量 _x 用关键字 private 声明为私有变量，合约中的 setX() 和 getX() 函数起到了 setter 和 getter 的作用，让外界通过这一对函数来读写这个变量。

21.3　调用目标合约

我们可以利用合约的地址和合约代码（或接口）来创建合约的引用：

```
_Name(_Address)
```

其中 _Name 是合约名，应与合约代码（或接口）中标注的合约名保持一致；_Address 是合约地址。然后通过合约的引用来调用它的函数：

```
_Name(_Address).f()
```

其中 f() 是要调用的合约中定义的函数。

接下来我们将编写一个名为 CallContract 的合约，在其中分别实现 4 种不同的调用 OtherContract 合约的用法。

1. 传入合约地址

我们可以在函数里传入目标合约地址, 生成目标合约的引用, 然后调用目标函数。以调用 OtherContract 合约的 setX 函数为例, 我们在新合约中写一个 callSetX 函数, 传入已部署好的 OtherContract 合约地址 _Address 和 setX 的参数 x:

```
1  function callSetX(address _Address, uint256 x) external{
2      OtherContract(_Address).setX(x);
3  }
```

部署好合约后, 执行以下三个步骤, 如图 21.1 所示:

(a) 复制 OtherContract 合约的地址

(b) 调用 CallContract 的 callsetX 函数

(c) 调用 OtherContract 的 getX 函数观察合约内部状态变量的变化

图 21.1　调用 callSetX 函数改变 OtherContract 合约的状态变量

(1) 在合约 OtherContract 的地址右边, 点击 "复制" (Copy) 按钮来复制地址。

(2) 填入合约地址和整数 x 作为参数, 调用 callSetX 函数。这里假设我们填写的整数为 123。

(3) 成功调用后, 回到 OtherContract 合约的界面调用 getX 函数, 显示状态变量 _x 的值变为 123。

2. 传入合约变量

我们可以直接将合约看作变量，将合约的引用作为参数传入函数，此时参数对应的类型由 address 换成了目标合约名，比如 OtherContract。下面的代码实现了调用目标合约的 getX 函数。

```
1  function callGetX(OtherContract _Address)
2      external view returns(uint x){
3      x = _Address.getX();
4  }
```

注意：该函数的参数 _Address 表面上是 OtherContract 类型的引用，但底层类型仍然是 address。生成的 ABI 中，调用 callGetX 时传入的参数都会转换为 address 类型。

如图 21.2 所示，复制 OtherContract 合约的地址，填入 callGetX 函数的参数中，调用后成功获取状态变量 _x 的值。

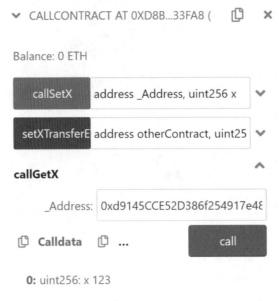

图 21.2　调用 callGetX 函数查看状态变量的值

3. 创建合约变量

我们可以通过地址创建合约变量，然后通过它来调用目标合约中的函数。在以下的代码中，callGetX2 函数接受 _Address 地址参数，用它创建了一个合约变量并赋值给 oc，然后通过 oc 调用合约中的函数：

```
1  function callGetX2(address _Address)
2     external view returns(uint x){
3     OtherContract oc = OtherContract(_Address);
4     x = oc.getX();
5  }
```

callGetX2 函数的调用方式和 callGetX 非常类似，同样通过复制 OtherContract 合约的地址来调用。如图 21.3 所示，callGetX2 函数也成功获取了状态变量 _x 的值。

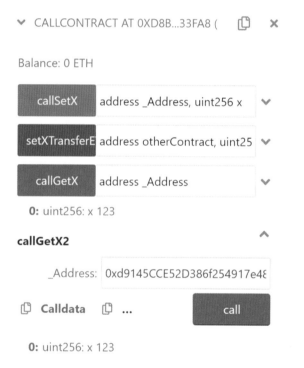

图 21.3　调用 callGetX 函数查看状态变量的值

4. 调用合约并发送 ETH

如果目标合约的函数声明了 payable 关键字，那么我们可以通过调用它来给合约转账：

```
_Name(_Address).f{value: _Value}()
```

其中 _Name 是合约名，_Address 是目标合约地址，f 是目标合约中的函数名称，_Value 是要转入的 ETH 数额（以 wei 为单位）。

我们已知 OtherContract 合约的 setX 函数是 payable 的，可以通过
调用 setX 来往目标合约转账，代码如下：

```
1  function setXTransferETH(address otherContract,
2     uint256 x) payable external{
3     OtherContract(otherContract).setX{
4        value: msg.value
5     }(x);
6  }
```

如图 21.4 所示，首先在部署界面填写转账金额 10 ETH，然后将 Other-
Contract 合约的地址和整数值作为参数传给 setXTransferETH 函数。成
功调用后，可看到 OtherContract 合约中 getX 函数返回相应的结果。

(a) 在部署界面输入要转入的VALUE

(b) 调用CallContract合约的
setXTransferETH函数

(c) 调用OtherContract的getX函数
观察合约内部状态变量的变化

图 21.4   调用 OtherContract 合约并转入 ETH

转账后，我们可以通过 setXTransferETH 函数调用中由目标合约释放
的 Log 事件，或者调用 getBalance() 函数观察目标合约 ETH 余额的变化，
如图 21.5 所示。

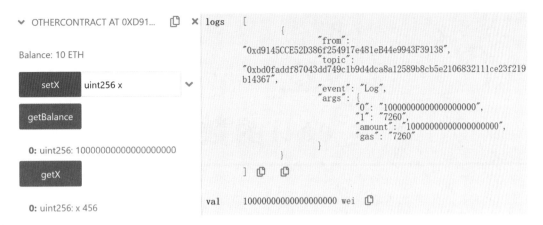

图 21.5　观察 OtherContract 合约的 ETH 余额

21.4　总　结

这一讲我们介绍了如何通过目标合约代码（或接口）和地址来创建合约的引用，从而调用目标合约的函数。

call 函数

在第20讲我们已经利用过 call 函数来发送 ETH，实际上 call 函数的用处不止这一种。这一讲我们将介绍如何利用它来调用合约。

22.1 call 函数及其使用场景

call 是 address 类型的底层成员函数，用来与其他合约交互。call 函数返回两个变量：第一个是布尔值，代表调用结果成功与否；第二个是目标函数返回的数据。call 函数的主要使用场景如下：

- call 是 Solidity 官方推荐的通过触发 fallback 或 receive 回调函数发送 ETH 的方法。

- 虽然 call 可以调用另一个合约中的函数，这也是这一讲将要介绍的内容，但这不是最佳的方法。因为一旦用户调用了不安全合约的函数，相当于把主动权交给了对方。推荐的方法仍然是在第21讲讨论过的方法，即通过声明合约变量调用函数。

- 如果用户不知道对方合约的源代码或 ABI，就无法生成合约变量。但用户仍然可以通过 call 调用对方合约的函数。

call 函数的语法如下：

```
_Address.call(binaryCode);
```

其中 _Address 是目标合约的地址，binaryCode 是发送给目标合约的字节码数据。数据使用结构化编码函数 abi.encodeWithSignature 来获得，包含要调用的函数的具体信息（关于 ABI 编码的相关内容详见第27讲）：

```
abi.encodeWithSignature(signature, parameter1,
    parameter2, ...)
```

其中 signature 为函数的签名字符串，格式是"函数名（逗号分隔的参数类型）"，后面紧跟着逗号分隔的一系列要代入函数的具体参数。例如：

```
abi.encodeWithSignature("f(uint256,address)", _x,
    _addr);
```

另外，call 函数在调用合约时可以指定交易发送的 ETH 数额和 gas：

```
_Address.call{value: _Value, gas: _Gas}(binaryCode);
```

上面的语法看起来有点复杂，我们通过一个例子介绍 call 函数的用法。

22.2　准备目标合约

我们先写一个简单的目标合约 OtherContract 并部署，代码与第 21 讲中基本相同，只是多了 fallback 函数。

```
1  contract OtherContract {
2      uint256 private _x = 0; // 状态变量x
3      // 收到ETH的事件，记录amount和gas
4      event Log(uint amount, uint gas);
5
6      fallback() external payable{}
7
8      // 返回合约ETH余额
9      function getBalance() view public returns(uint) {
10         return address(this).balance;
11     }
12
13     // 可以调整状态变量_x的函数，并且可以往合约转ETH (payable)
14     function setX(uint256 x) external payable{
15         _x = x;
```

```
16              // 如果转入 ETH，则释放 Log 事件
17              if(msg.value > 0){
18                  emit Log(msg.value, gasleft());
19              }
20          }
21
22      // 读取 x
23      function getX() external view returns(uint x){
24          x = _x;
25      }
26  }
```

这个合约包含一个状态变量 _x，一个在收到 ETH 时触发的事件 Log，以及三个函数：

- getBalance()：返回合约的 ETH 余额。

- setX()：声明为 external payable 的函数，可以设置 _x 的值，并向合约发送 ETH。

- getX()：读取 _x 的值。

22.3 用 call 函数调用目标合约

1. Response 事件

我们写一个 Call 合约来调用目标合约的函数。首先定义一个 Response 事件，输出 call 返回的变量 success 和 data，方便我们观察返回值。

```
1  // 定义 Response 事件，输出 call 返回的结果 success 和 data
2  event Response(bool success, bytes data);
```

2. 调用 setX 函数

我们定义 callSetX 函数来调用目标合约的 setX()，转入一定数额的 ETH，并释放 Response 事件输出 success 和 data：

```
1 function callSetX(address payable _addr, uint256 x)
    public payable {
2 // call setX()，同时可以发送ETH
3 (bool success, bytes memory data) =
        _addr.call{value: msg.value}(
4        abi.encodeWithSignature("setX(uint256)", x)
5 );
6
7    emit Response(success, data); //释放事件
8 }
```

如图 22.1 所示，我们首先设置转入金额为 10 wei，然后将 OtherContract 合约的地址和整数 5 作为参数传递给 callSetX 函数。成功调用后，回到 OtherContract 合约，可以看到状态变量 _x 的值变为 5，同时余额变为 10 wei。

(a)在部署界面输入转账金额

(b)在Call合约中调用callsetX函数

(c)在OtherContract合约中观察内部状态变量和合约余额的变化

图 22.1 调用目标合约的 setX() 函数并观察返回结果

图 22.2 显示了函数调用中释放的 Log 事件和 Resopnse 事件的记录。在 Response 事件中，由于目标函数 setX() 没有返回值，因此 call 函数返回的 data 为 0x，也就是空数据。

图 22.2 函数调用中的 Log 和 Response 事件记录

3. 调用 getX 函数

下面我们定义 callGetX() 函数，它通过调用目标合约的 getX 函数返回状态变量 _x 的值，类型为 uint256。我们可以利用 abi.decode 函数来解码 call 的返回值 data，并读出数值。abi.decode 的详细介绍见第 27 讲。

```
1  function callGetX(address _addr) external
       returns(uint256){
2      // call getX()
3      (bool success, bytes memory data) = _addr.call(
4          abi.encodeWithSignature("getX()")
5      );
6
7      emit Response(success, data); //释放事件
8      return abi.decode(data, (uint256));
9  }
```

如图 22.3 所示，Response 事件输出的 data 变量的值为：

0x00000000000000000000000000000000000000000000000000000000
0000000000000005

经过 abi.decode 函数解码，最终的返回值为 5，

from   0x5B38Da6a701c568545dCfcB03FcB875f56beddC4 ⎘

to   Call.callGetX(address)
                        0xDA0bab807633f07f013f94DD0E6A4F96F8742B53 ⎘

decoded input   {
                            "address _addr":
                        "0x7EF2e0048f5bAeDe046f6BF797943daF4ED8CB47"
                        } ⎘

decoded output   {
                            "0": "uint256: 5"
                        } ⎘

logs   [
                            {
                                "from":
                        "0xDA0bab807633f07f013f94DD0E6A4F96F8742B53",
                                "topic":
                        "0x13848c3e38f8886f3f5d2ad9dff80d8092c2bbb8efd5b887a99c2c6cfc
                        09ac2a",
                                "event": "Response",
                                "args": {
                                    "0": true,
                                    "1":
                        "0x00000000000000000000000000000000000000000000000000000000
                        000005",
                                    "success": true,
                                    "data":
                        "0x00000000000000000000000000000000000000000000000000000000
                        000005"
                                }
                            }
                        ] ⎘   ⎘

图 22.3　调用目标合约的 getX() 函数，观察和解码返回结果

4. 调用不存在的函数

如果我们给 call 输入的函数不存在于目标合约，那么目标合约的 fall-back 回调函数会被触发。

```
1  function callNonExist(address _addr) external{
2      // call getX()
3      (bool success, bytes memory data) = _addr.call(
4          abi.encodeWithSignature("foo(uint256)")
5      );
6
7      emit Response(success, data); //释放事件
8  }
```

在以上代码中，我们通过 call 试图调用不存在的 foo 函数。如图 22.4 所示，call 仍能执行成功，返回的 success 值为 true，但其实调用的是目标

合约的 fallback 函数，返回的 data 为空数据。

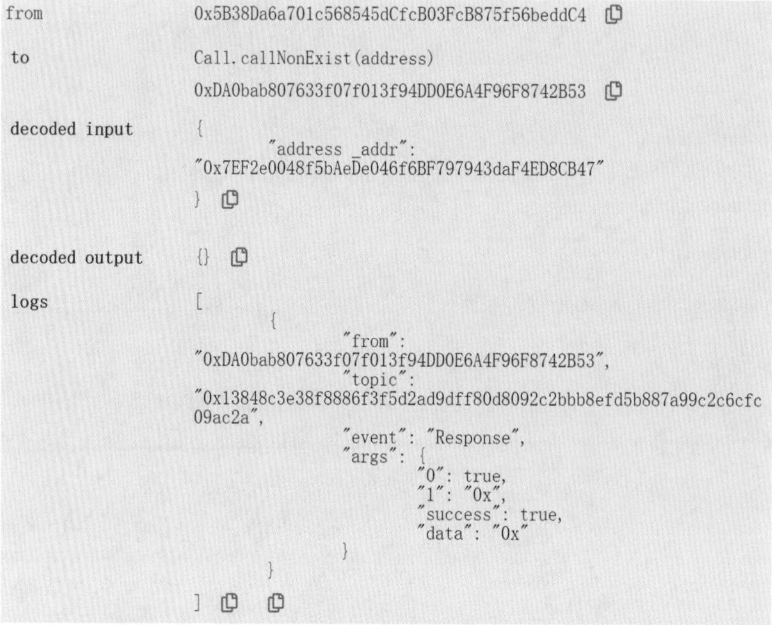

from   0x5B38Da6a701c568545dCfcB03FcB875f56beddC4 📋

to   Call.callNonExist(address)
                        0xDA0bab807633f07f013f94DD0E6A4F96F8742B53 📋

decoded input   {
                              "address _addr":
                        "0x7EF2e0048f5bAeDe046f6BF797943daF4ED8CB47"
                        } 📋

decoded output   {} 📋

logs   [
                              {
                                    "from":
                        "0xDA0bab807633f07f013f94DD0E6A4F96F8742B53",
                                    "topic":
                        "0x13848c3e38f8886f3f5d2ad9dff80d8092c2bbb8efd5b887a99c2c6cfc
                        09ac2a",
                                    "event": "Response",
                                    "args": {
                                          "0": true,
                                          "1": "0x",
                                          "success": true,
                                          "data": "0x"
                                    }
                              }
                        ] 📋 📋

图 22.4   调用目标合约不存在的函数，观察返回结果

22.4 总 结

这一讲我们介绍了如何用 call 这一个底层函数来调用其他合约。考虑到安全性的问题，call 不是调用合约的推荐方法。但它能让我们在不知道源代码和 ABI 的情况下调用目标合约，有一定的实际用途。

第 **23** 讲

delegatecall函数

23.1 delegatecall函数

delegatecall 与 call 类似，是 Solidity 中地址类型的底层成员函数。英语中的 delegate 有"代理"或"委托"的含义，那么 delegatecall 委托了什么?

如图 23.1 所示，当用户 A 通过合约 B，使用 call 函数调用合约 C 的时候，执行的是合约 C 的函数，上下文（Context，可以理解为包含变量和状态的环境）也是合约 C 的: msg.sender 是 B 的地址，并且如果函数改变一些状态变量，产生的效果会作用于合约 C 的变量上。

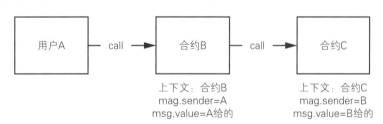

图 23.1 call 函数的上下文示意图

如图 23.2 所示，当用户 A 通过合约 B，使用 delegatecall 函数调用合约 C 的时候，执行的是合约 C 的函数，但是上下文仍是合约 B 的: msg.sender 是 A 的地址，并且如果函数改变一些状态变量，产生的效果会作用于合约 B 的变量上。

不妨打个比方: 一个投资者（用户 A）把他的资产（合约 B 的状态变量）交给一个风险投资代理（合约 C）来打理。其执行的是风险投资代理的函数，但改变的是资产的状态。

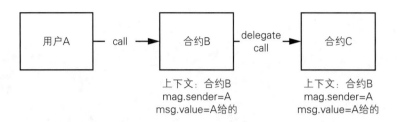

图 23.2　`delegatecall` 函数的上下文示意图

`delegatecall` 函数的语法和 `call` 类似，也是：

```
_Address.delegatecall(binaryCode);
```

其中 `binaryCode` 为二进制编码，通常利用结构化编码函数 `abi.encode WithSignature` 获得，其中包含要调用的函数的具体信息：

```
abi.encodeWithSignature(signature, parameter1,
    parameter2, ...)
```

`signature` 为函数签名，格式为"函数名(逗号分隔的参数类型)"，后面跟着具体的参数。例如：

```
abi.encodeWithSignature("f(uint256,address)", _x, _addr)
```

和 `call` 函数不同的是，`delegatecall` 在调用合约时可以指定交易发送的 gas，但不能指定发送的 ETH 数额。

注意：`delegatecall` 有安全隐患，使用时要保证当前合约和目标合约的状态变量存储结构相同，并且目标合约安全，不然会造成资产损失。

23.2　delegatecall 的应用场景

目前 `delegatecall` 主要有两个应用场景：

（1）代理合约（proxy contract）：用于将智能合约的存储合约和逻辑合约分开。代理合约存储所有相关的变量，并且保存逻辑合约的地址，而所有函数存在逻辑合约（logic contract）里，通过 `delegatecall` 执行。当升级时，只需要将代理合约中的地址指向新的逻辑合约即可。

（2）EIP-2535 Diamonds（钻石）：钻石是一个支持构建可在生产中扩展的模块化智能合约系统的标准。钻石是具有多个实施合同的代理合同。更多信息请查看钻石标准的简介文档：

https://eip2535diamonds.substack.com/p/introduction-to-the-diamond-standard

23.3　delegatecall 的用法示例

本节我们来实现这样的调用结构：用户 A 通过合约 B 调用目标合约 C。

1. 被调用的合约 C

我们先写一个简单的目标合约 C。合约中有两个 public 变量：num 和 sender，分别是 uint256 和 address 类型；有一个函数，可以通过传入的 _num 参数来设定 num 的值，并且将 sender 设为 msg.sender。

```
1  // 被调用的合约 C
2  contract C {
3      uint public num;
4      address public sender;
5
6      function setVars(uint _num) public payable {
7          num = _num;
8          sender = msg.sender;
9      }
10 }
```

2. 发起调用的合约 B

首先，合约 B 和目标合约 C 的变量存储布局必须相同，包括两个变量，并且顺序为 num 和 sender：

```
1  contract B {
2      uint public num;
3      address public sender;
4  }
```

其次，我们在合约 B 中实现以下两个函数，分别用 call 和 delegate-call 来调用合约 C 的 setVars 函数，更好地理解它们的区别。

callSetVars 函数通过 call 来调用 setVars。它有两个参数 _addr 和 _num，分别对应合约 C 的地址和 setVars 的参数。

```
1 // 通过call来调用C的setVars函数，将改变合约C里的状态变量
2 function callSetVars(address _addr, uint _num) external
    payable{
3    // call setVars()
4    (bool success, bytes memory data) = _addr.call(
5        abi.encodeWithSignature("setVars(uint256)",
         _num)
6    );
7 }
```

delegatecallSetVars 函数通过 delegatecall 来调用 setVars。与上面的 callSetVars 函数相同，有两个参数 _addr 和 _num，分别对应合约 C 的地址和 setVars 的参数。

```
1 // 通过delegatecall来调用C的setVars函数，将改变合约B里的状态
    变量
2 function delegatecallSetVars(address _addr, uint _num)
    external payable{
3    // delegatecall setVars()
4    (bool success, bytes memory data) =
         _addr.delegatecall(
5        abi.encodeWithSignature("setVars(uint256)",
         _num)
6    );
7 }
```

23.4 在 remix 上展示 delegatecall 的用法

（1）首先，我们把合约 B 和合约 C 都部署好，如图 23.3 所示。注意记录合约 B、合约 C 的地址，以及自己（用户 A）的钱包地址。

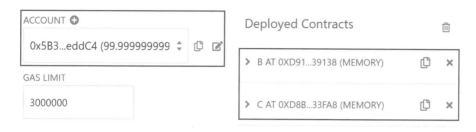

图 23.3 部署合约 B 和合约 C，记录相关地址

（2）部署之后，查看合约 C 的状态变量的初始值，合约 B 的状态变量与之一致，如图 23.4 所示。

图 23.4 查看合约 B 和合约 C 的状态变量

（3）调用合约 B 中的 `callSetVars` 函数，传入参数为合约 C 的地址和整数 10，如图 23.5 所示。

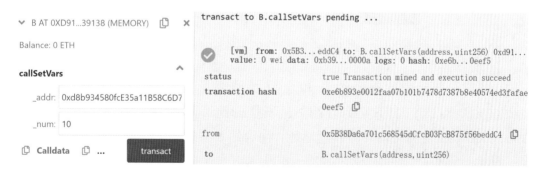

图 23.5 调用合约 B 中的 `callSetVars` 函数

（4）调用后，检查合约 B 和合约 C 的变量，如图 23.6 所示。其中合约 C

中的状态变量 num 被改为 10，sender 被改为合约 B 的地址，而合约 B 的状态不变。

图 23.6　调用 callSetVars 函数后合约 C 的状态变化

（5）调用合约 B 中的 delegatecallSetVars 函数，传入参数为合约 C 的地址和整数 100，如图 23.7 所示。

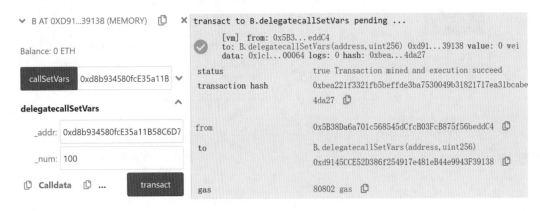

图 23.7　调用合约 B 中的 delegatecallSetVars 函数

（6）调用后，检查合约 B 和合约 C 的变量，如图 23.8 所示。由于是 delegatecall，上下文为合约 B，于是合约 B 中的状态变量 num 被改为 100，sender 变为用户 A 的钱包地址，而合约 C 中的状态变量不会被修改。

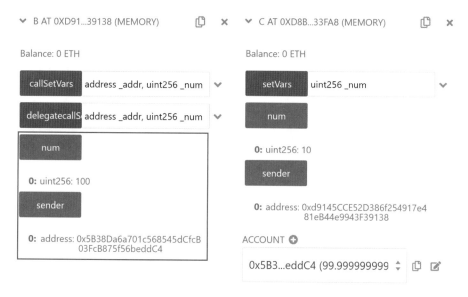

图 23.8　调用 callSetVars 函数后合约 B 的状态变化

23.5　总　结

这一讲我们介绍了 Solidity 中的另一个底层函数 delegatecall。与 call 类似，它可以用来调用其他合约，不同点在于运行的上下文：合约 B 通过 call 调用合约 C，上下文为 C；而合约 B 通过 delegatecall 调用合约 C，上下文为 B。目前 delegatecall 最大的应用是代理合约和 EIP-2535 Diamonds（钻石）。

第 **24** 讲

在合约中创建新合约

在以太坊区块链链上，外部账户（Externally Owned Account，EOA）可以创建智能合约，智能合约同样也可以创建新的智能合约。去中心化交易所 Uniswap 就是利用工厂合约（PairFactory）创建了无数个币对合约（Pair）。这一讲我们将用简化版的 Uniswap 讲解如何通过合约创建合约。

24.1 基于 CREATE 操作码生成合约

在以太坊虚拟机（EVM）中，在合约中创建新合约涉及两个操作码：CREATE 和 CREATE2。这一讲涉及的操作码是 CREATE。下一讲将详细介绍 CREATE2。

基于 CREATE 操作码生成合约，在 Solidity 中只需要使用 new 操作符创建一个新合约，并传入新合约的构造函数所需的参数：

```
Contract x = new Contract{value: _value}(params)
```

其中，Contract 是要创建的合约类型名，x 是合约对象（合约地址），params 是新合约的构造函数所需的参数类型和值，以逗号分隔。如果构造函数声明了 payable 关键字，可以在创建时转入 _value 数量的 ETH。

24.2 示例：一个简化版的 Uniswap

Uniswap V2（https://github.com/Uniswap/v2-core/tree/master/contracts）是一个通过工厂合约的方式创建新合约的框架。框架的核心是两个合约：

（1）UniswapV2Pair：币对合约，用于管理币对地址、流动性、具体的交易流程。

（2）UniswapV2Factory: 工厂合约，用于创建新的币对，并管理币对地址。

本节我们使用基于 CREATE 操作码生成合约的方法，实现一个简化版的 Uniswap，包含负责管理币对地址的 Pair 合约和负责创建新的币对、管理币对地址的 PairFactory 合约。

1. Pair 合约

Pair 合约的代码如下：

```
1  contract Pair{
2      address public factory; // 工厂合约地址
3      address public token0; // 代币 1
4      address public token1; // 代币 2
5
6      constructor() payable {
7          factory = msg.sender;
8      }
9
10     // called once by the factory at time of deployment
11     function initialize(address _token0,
12         address _token1) external {
13         require(msg.sender == factory,
14             'UniswapV2: FORBIDDEN'); // sufficient check
15         token0 = _token0;
16         token1 = _token1;
17     }
18  }
```

Pair 合约的内容很简单，其中包含 3 个状态变量：factory、token0 和 token1。

Pair 合约在部署时，调用其构造函数 constructor 将 factory 赋值为 PairFactory 合约的地址。initialize 函数会在 Pair 合约创建时被 PairFactory 合约调用一次，将 token0 和 token1 更新为币对中两种代币的地址。

为什么 Uniswap V2 不在构造函数中直接更新 token0 和 token1？答案是 Uniswap V2 基于 CREATE2 操作码创建合约，这限制了构造函数不能有参数。基于 CREATE 操作码生成合约时，允许合约的构造函数有参数，可以在其中将 token0 和 token1 的值更新。虽然如此，我们在 Pair 合约中还是沿用了原版 Uniswap V2 的写法，使用 initialize 函数更新 token0 和 token1，便于迁移到下一讲基于 CREATE2 操作码的实现。

2. PairFactory 合约

PairFactory 合约的代码如下：

```
1  contract PairFactory{
2      mapping(address => mapping(address => address))
             public getPair; // 通过两个代币地址查 Pair 地址
3      address[] public allPairs; // 保存所有 Pair 地址
4
5      function createPair(address tokenA, address tokenB)
6          external returns (address pairAddr) {
7          // 创建新合约
8          Pair pair = new Pair();
9          // 调用新合约的 initialize 方法
10         pair.initialize(tokenA, tokenB);
11         // 更新地址 map
12         pairAddr = address(pair);
13         allPairs.push(pairAddr);
14         getPair[tokenA][tokenB] = pairAddr;
15         getPair[tokenB][tokenA] = pairAddr;
16     }
17 }
```

合约中包含两个状态变量：getPair 是两个代币地址到币对地址的映射，方便根据代币找到币对地址；allPairs 是币对地址的数组，存储了所有币对地址。

PairFactory 合约只有一个 createPair 函数，根据输入的代币地址 tokenA 和 tokenB 来创建新的 Pair 合约。其中创建合约的代码只有一行：

```
8  Pair pair = new Pair();
```

读者可以部署好 PairFactory 合约，然后用下面两个地址作为参数调用 createPair 函数，看看创建的币对地址是什么：

- WBNB 地址：

  0x2c44b726ADF1963cA47Af88B284C06f30380fC78

- BSC 链上的 PEOPLE 地址：

  0xbb4CdB9CBd36B01bD1cBaEBF2De08d9173bc095c

24.3　在 remix 上演示合约的创建

（1）部署 PairFactory 合约后，使用前一节提供的 WBNB 地址和 PEOPLE 地址作为参数调用 createPair 函数，如图 24.1 所示。

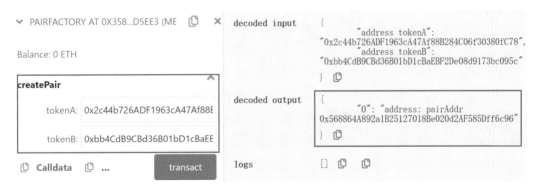

图 24.1　输入代币地址调用 createPair 函数

每次生成的币对地址会有所不同。例如本次生成的币对地址为：

0x568864A892a1B25127018Be020d2AF585Dff6c96

（2）将上一步生成的币对地址填入 "At address"，找到创建的 Pair 合约并部署，查看其中的变量，如图 24.2 所示。

（3）为使用 new 操作符的语句打上断点，然后打开调试器模式（Debugger），调试 createPair 函数。如图 24.3 所示，在函数编译生成的 EVM 操作码中，不难找到用于创建合约的 CREATE 操作码。

图 24.2　生成的 Pair 合约中的变量

图 24.3　查看合约编译结果中的 CREATE 操作码

24.4　总　结

这一讲我们用一个简化版 Uniswap 的例子介绍了如何基于 CREATE 操作码在合约里创建合约。下一讲我们在此基础上更进一步介绍基于 CREATE2 操作码的方法，改进简化版 Uniswap 的实现。

CREATE2操作码

CREATE2 是以太坊虚拟机（EVM）引入的一个新操作码，使我们在智能合约部署在以太坊网络之前就能预测合约的地址。例如，Uniswap v2 框架创建 Pair 合约就是基于 CREATE2，取代了基于 CREATE 操作码的方法。这一讲将介绍 CREATE2 操作码的相关知识，以及基于 CREATE2 操作码生成合约的方法。

25.1 CREATE操作码如何计算新合约地址

智能合约可以由其他合约和普通账户利用 CREATE 操作码创建。在这两种情况下，新合约的地址都以相同的方式计算：获取创建者的地址 _CreatorAddress（通常为部署的钱包地址或者合约地址）和发送交易的总数 nonce（对于合约账户，nonce 是创建的合约总数，每创建一个合约，nonce 的值加 1），然后计算哈希值，得到新地址 _Address：

```
_Address = hash(_CreatorAddress, nonce)
```

CREATE 操作码的问题是：创建者的地址 _CreatorAddress 不会变，但 nonce 可能会随时间而改变，因此用 CREATE 创建的合约地址难以预测。

25.2 CREATE2操作码如何计算新合约地址

CREATE2 的目的是让合约地址独立于未来的事件。不管未来区块链上发生了什么，用户都可以把合约部署在事先计算好的地址上。用 CREATE2 创建的合约地址由 4 个参数决定：

- 0xFF：一个常数，目的是避免和 CREATE 创建的地址起冲突。

- _CreatorAddress：调用 CREATE2 的当前合约（创建合约）的地址。

- salt（盐）：一个创建者指定的 uint256 类型的值，主要目的是用来影响新创建的合约的地址。

- initcode：新合约的初始化代码。

CREATE2 操作码汇总以上参数并计算哈希值，获得新合约的地址，类似如下的代码：

```
_Address = hash(0xFF, _CreatorAddress, salt, initcode)
```

CREATE2 确保了，如果创建者提供指定的 salt 和合约的 initcode，通过 CREATE2 操作码将获得一个固定的地址 _Address，不会因为后续的区块链变动发生变化。

25.3　示例：一个简化版的 Uniswap2

我们基于 CREATE2 操作码，将上一讲的 Uniswap 升级为 Uniswap2。

1. Pair 合约

Pair 合约和上一讲相比基本没太大变化，代码如下：

```
1  contract Pair{
2      address public factory; // 工厂合约地址
3      address public token0; // 代币 1
4      address public token1; // 代币 2
5
6      constructor() payable {
7          factory = msg.sender;
8      }
9
10     // called once by the factory at time of deployment
11     function initialize(address _token0,
12         address _token1) external {
```

```
13      require(msg.sender == factory,
14          'UniswapV2: FORBIDDEN'); // sufficient check
15      token0 = _token0;
16      token1 = _token1;
17    }
18 }
```

Pair合约的内容很简单，其中包含3个状态变量：factory，token0和token1。

构造函数constructor在部署时将factory赋值为PairFactory2合约的地址。initialize函数会在Pair合约创建的时候被PairFactory2合约调用一次，将token0和token1更新为币对中两种代币的地址。

2. PairFactory2合约

PairFactory2合约的代码如下：

```
1 contract PairFactory2{
2     mapping(address => mapping(address => address))
3         public getPair; // 通过两个代币地址查Pair地址
3     address[] public allPairs; // 保存所有Pair地址
4
5     function createPair2(address tokenA, address tokenB)
6         external returns (address pairAddr) {
7         // 避免tokenA和tokenB相同产生的冲突
8         require(tokenA != tokenB,
            'IDENTICAL_ADDRESSES');
9         // 用tokenA和tokenB地址计算salt
10        (address token0, address token1) =
11            tokenA < tokenB ? (tokenA, tokenB) :
12            (tokenB, tokenA); //将tokenA和tokenB按大小排序
13        bytes32 salt = keccak256(
14            abi.encodePacked(token0, token1));
15        // 用create2部署新合约
```

```
16          Pair pair = new Pair{salt: salt}();
17          // 调用新合约的 initialize 方法
18          pair.initialize(tokenA, tokenB);
19          // 更新地址 map
20          pairAddr = address(pair);
21          allPairs.push(pairAddr);
22          getPair[tokenA][tokenB] = pairAddr;
23          getPair[tokenB][tokenA] = pairAddr;
24      }
25  }
```

PairFactory2 合约有两个状态变量：getPair 是两个代币地址到币对地址的映射，方便根据代币找到币对地址；allPairs 是币对地址的数组，存储了所有币对地址。

PairFactory2 合约只有一个 createPair2 函数，基于 CREATE2 操作码根据输入的两个代币地址 tokenA 和 tokenB 来创建新的 Pair 合约。其中创建合约的核心代码如下：

```
16  Pair pair = new Pair{salt: salt}();
```

与基于 CREATE 操作码的创建方式相比，我们需要提供 salt 作为参数。在 PairFactory2 合约中，我们利用 token1 和 token2 的值计算哈希值，充当 salt：

```
bytes32 salt = keccak256(
    abi.encodePacked(token0, token1));
```

3. 事先计算 Pair 合约的地址

我们编写了一个 calculateAddr 函数来事先计算通过 tokenA 和 tokenB 生成的 Pair 地址。通过它，我们可以验证我们事先计算的地址和实际地址是否相同。

```
1  // 提前计算 pair 合约地址
2  function calculateAddr(address tokenA, address tokenB)
3      public view returns(address predictedAddress){
```

```
4        // 避免 tokenA 和 tokenB 相同产生的冲突
5        require(tokenA != tokenB, 'IDENTICAL_ADDRESSES');
6        // 用 tokenA 和 tokenB 地址计算 salt
7        (address token0, address token1) =
8            tokenA < tokenB ? (tokenA, tokenB) :
9            (tokenB, tokenA); //将 tokenA 和 tokenB 按大小排序
10       bytes32 salt = keccak256(
11           abi.encodePacked(token0, token1));
12       // 计算合约地址方法 hash()
13       predictedAddress = address(uint160(uint(
14           keccak256(abi.encodePacked(
15               bytes1(0xff), address(this), salt,
16               keccak256(type(Pair).creationCode))
17           ))
18       ));
19  }
```

注意：如果要部署的合约的构造函数中存在参数，例如以下形式：

```
Pair pair = new Pair{salt: salt}(address(this));
```

那么计算合约地址 predictedAddress 时，应当把代入构造函数的参数和 Pair 合约的 bytecode 一同打包，也就是改成：

```
1 predictedAddress = address(uint160(uint(
2   keccak256(abi.encodePacked(
3       bytes1(0xff), address(this), salt,
4       keccak256(abi.encodePacked(
5           type(Pair).creationCode,
6           abi.encode(address(this))
7       ))
8   ))
9 )));
```

读者可以部署好 PairFactory2 合约，然后类似上一节，用下面两个地址作为参数调用 createPair2 函数，看看创建的币对地址是什么：

- WBNB 地址：

  0x2c44b726ADF1963cA47Af88B284C06f30380fC78

- BSC 链上的 PEOPLE 地址：

  0xbb4CdB9CBd36B01bD1cBaEBF2De08d9173bc095c

25.4 在 remix 上演示基于 CREATE2 创建合约

我们在 remix 上部署 PairFactory2 合约后，进行以下几个步骤：

（1）调用 calculateAddr 函数，用 WBNB 和 PEOPLE 的地址求哈希值，作为 salt，计算 Pair 合约的地址，如图 25.1 所示。

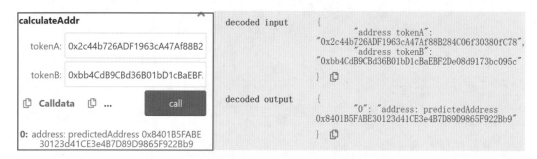

图 25.1 调用 calculateAddr 函数计算合约地址

（2）调用 PairFactory2 合约的 createPair 函数，将 WBNB 和 PEOPLE 的地址作为参数，获取创建的 Pair 合约的地址，并与上一步的结果进行对比，如图 25.2 所示。

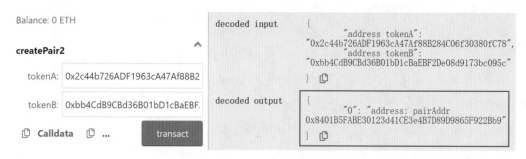

图 25.2 检验基于 CREATE2 操作码生成的 Pair 合约的地址

（3）根据地址部署生成的 Pair 合约，观察其状态变量，如图 25.3 所示。

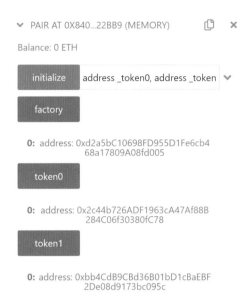

图 25.3　部署和查看生成的 Pair 合约

25.5　CREATE2 操作码的实际应用场景

CREATE2 操作码一经推出，即在许多场景下开始逐步取代 CREATE 操作码，例如：

- 交易所为新用户创建预留的钱包合约地址。

- 在 Uniswap V2 中，交易对的创建是由基于 CREATE2 操作码的工厂合约完成的。这样做的好处是：它可以得到一个确定的交易对地址，通过 Router 函数就可以由币对地址 (tokenA, tokenB) 计算出交易对地址，不再需要通过调用工厂合约的函数 Factory.getPair(tokenA, tokenB) 获得交易对地址，省去了跨合约调用。

25.6　总　结

这一讲我们介绍了 CREATE2 操作码的原理和使用方法，并用它升级了上一讲的简化版 Uniswap 合约，用来提前计算币对合约地址。CREATE2 让我们可以在部署合约前确定它的合约地址，这也是一些基于以太坊 Layer2 方案的合约项目的基础。

删除合约

26.1 selfdestruct 命令

selfdestruct 命令可以用来删除智能合约，并将该合约中剩余的 ETH 转到指定地址。selfdestruct 是为了应对合约出错的极端情况而设计的。它最早被命名为 suicide（自杀），但是这个词过于敏感，后改为 selfdestruct（自毁）。

在 0.8.18 版本的 Solidity 语言中，selfdestruct 关键字被标记为"不再建议使用"，因为它在一些情况下会导致预期之外的合约语义。但由于目前还没有代替方案，目前只是对开发者进行了编译阶段的警告，相关内容可以查看以下文档：

https://eips.ethereum.org/EIPS/eip-6049

selfdestruct 命令的格式如下：

```
selfdestruct(_addr);
```

其中 _addr 是目标合约或钱包的地址，用于接收合约中剩余的 ETH。

26.2 示例：DeleteContract 合约

我们编写一个 DeleteContract 合约，用来展示 selfdestruct 命令的用法，代码如下：

```
1  contract DeleteContract {
2      uint public value = 10;
3      constructor() payable {}
```

```
4        receive() external payable {}

5

6        function deleteContract() external {
7            // 调用selfdestruct销毁合约,
8            // 并把剩余的ETH转给msg.sender
9            selfdestruct(payable(msg.sender));
10       }

11

12       function getBalance() external view
13           returns(uint balance){
14           balance = address(this).balance;
15       }
16  }
```

合约包括一个 public 属性的状态变量 value，以及两个函数：get-Balance() 用于获取合约 ETH 余额；deleteContract() 用于删除合约，并把 ETH 转入发起合约的地址。

26.3　在 remix 上演示删除合约

（1）如图 26.1 所示，由于 DeleteContract 合约具有 payable 的构造函数，我们在部署合约时设置转入金额为 1 ETH，

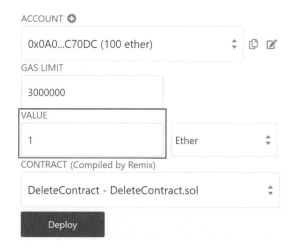

图 26.1　设置转入金额并部署 DeleteContract 合约

（2）如图 26.2 所示，部署后，调用 `DeleteContract` 合约的 `getBal-ance()` 函数，返回余额 1 ETH；状态变量 `value` 的值被初始化为 10。

图 26.2　查看 `DeleteContract` 合约的余额和状态变量

（3）如图 26.3 所示，查看原来的钱包地址中的余额，减少的金额略多于 1 ETH。这是因为转入合约时支出了 gas，从钱包中扣除。

图 26.3　查看钱包地址中的余额

（4）调用 `deleteContract()` 函数后，合约将被删除，此时试图调用合约的函数将会报错，如图 26.4 所示。

（5）查看钱包地址中的余额，如图 26.5 所示。删除合约时，钱包回收了合约中剩余的 1 ETH，但支出了额外的 gas。

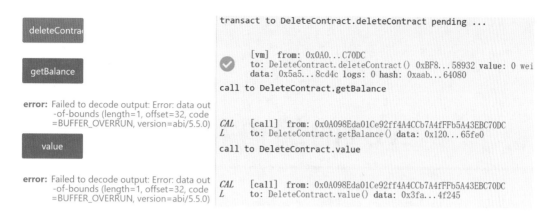

图 26.4　调用 deleteContract() 函数销毁合约

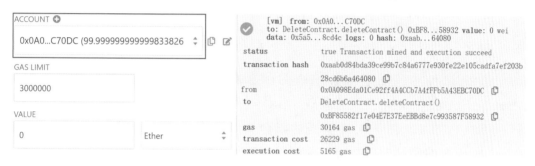

图 26.5　查看钱包地址中回收的 ETH

26.4　注意事项

（1）对外提供合约销毁接口时，最好设置为只有合约所有者可以调用，可以使用我们在第 11 讲介绍过的函数修饰器 onlyOwner 进行函数声明。

（2）在合约中添加 selfdestruct 功能可能带来安全问题和信任问题。该功能会为攻击者提供一条攻击向量（例如使用 selfdestruct 向一个合约频繁转入 token 进行攻击，这将大大节省 gas，虽然很少人这么做）。此外，该功能的存在还会降低用户对合约的信心。

26.5　总　结

selfdestruct 是智能合约的紧急按钮，销毁合约并将剩余 ETH 转移到指定账户。以太坊历史上发生过著名的 The DAO 攻击，使得整个区块链面临损失数百万 ETH 的风险，并导致了以太坊的一次硬分叉。如果当时有 selfdestruct 功能，一定程度上能够阻断黑客的攻击。

ABI的编码和解码

ABI（application binary interface，应用二进制接口）是与以太坊智能合约交互的标准。数据基于它们的类型编码，并且由于编码后不包含类型信息，解码时需要注明它们的类型。

在 Solidity 中，用于 ABI 编码的函数有四个，分别为：abi.encode、abi.encodePacked、abi.encodeWithSignature 以及 abi.encodeWithSelector。用于 ABI 解码的函数为 abi.decode，它能够解码 abi.encode 函数编码的数据。这一讲我们将学习这些函数如何使用。

ABI编码的具体规则参考以下文档：

https://learnblockchain.cn/docs/solidity/abi-spec.html

27.1 ABI编码

我们准备 4 个变量，它们的类型分别是 uint256（别名为 uint）、address、string和uint256[2]：

```
1 uint x = 10;
2 address addr =
      0x7A58c0Be72BE218B41C608b7Fe7C5bB630736C71;
3 string name = "0xAA";
4 uint[2] array = [5, 6];
```

1. abi.encode

ABI 被设计出来和智能合约交互，它将每个参数填充为 32 字节的数据并拼接在一起。与智能合约交互的手段就是 abi.encode 函数。

以下代码使用 abi.encode 函数将我们准备的 4 个变量打包编码：

```
1  function encode() public view
2      returns(bytes memory result) {
3      result = abi.encode(x, addr, name, array);
4  }
```

编码的结果为：

```
0x0000000000000000000000000000000000000000000000000
    000000000000000a00000000000000000000000007a58c0be
    72be218b41c608b7fe7c5bb630736c7100000000000000000
    00000000000000000000000000000000000000000000000a0
    00000000000000000000000000000000000000000000000000
    00000000000050000000000000000000000000000000000000
    0000000000000000000000000000000060000000000000000
    00000000000000000000000000000000000000000000000004
    307841410000000000000000000000000000000000000000000
    000000000000000
```

可以看到，abi.encode 将每个数据都用 0 填充，补齐到 32 字节。

2. abi.encodePacked

将给定参数根据其所需最低空间编码。它类似 abi.encode，但是会把其中填充的很多 0 省略。比如，只用 1 字节来编码 uint8 类型。如果需要节省空间，并且不需要与合约交互的时候，可以使用 abi.encodePacked，例如算一些数据的 hash 时。

```
1  function encodePacked() public view
2      returns(bytes memory result) {
3      result = abi.encodePacked(x, addr, name, array);
4  }
```

编码的结果为：

```
0x0000000000000000000000000000000000000000000000000000000000
    000000000000000a7a58c0be72be218b41c608b7fe7c5bb6
```

```
30736c713078414100000000000000000000000000000000000
0000000000000000000000000000000000500000000000000000
0000000000000000000000000000000000000000000000000006
```

可以看到，由于 abi.encodePacked 对编码进行了压缩，生成的数据长度比 abi.encode 生成的短很多。

3. abi.encodeWithSignature

与 abi.encode 的功能类似，区别为：abi.encodeWithSignature 的第一个参数为函数签名的字符串，形如 "foo(uint256, address, string, uint256[2])"。包含函数签名的 ABI 编码数据可用于调用其他合约中的函数，详见第 22 讲。

```
1  function encodeWithSignature() public view
2      returns(bytes memory result) {
3      result = abi.encodeWithSignature(
4          "foo(uint256,address,string,uint256[2])",
5          x, addr, name, array
6      );
7  }
```

编码的结果为：

```
0xe87082f1000000000000000000000000000000000000000000
00000000000000000000000000a0000000000000000000000000
7a58c0be72be218b41c608b7fe7c5bb630736c71000000000000
0000000000000000000000000000000000000000000000000000
000000a0000000000000000000000000000000000000000000000
0000000000000000000050000000000000000000000000000000
0000000000000000000000000000000000000000600000000000
0000000000000000000000000000000000000000000000000000
00000004307841410000000000000000000000000000000000000
0000000000000000000000000
```

由以上编码结果可知，相当于在 abi.encode 的编码结果前加上了 4 个字节的函数选择器。我们将在第 29 讲详细介绍函数选择器的相关知识。

4. abi.encodeWithSelector

与 abi.encodeWithSignature 功能类似，只不过第一个参数为编码后的函数选择器，是函数签名的 Keccak 哈希值的前 4 个字节。

```
1 function encodeWithSelector() public view
2     returns(bytes memory result) {
3     result = abi.encodeWithSelector(
4         bytes4(keccak256(
5             "foo(uint256,address,string,uint256[2])")),
6         x, addr, name, array
7     );
8 }
```

编码的结果为：

```
0xe87082f1000000000000000000000000000000000000000000000000
00000000000000000000000a000000000000000000000000000000000
7a58c0be72be218b41c608b7fe7c5bb630736c7100000000
00000000000000000000000000000000000000000000000000000000
000000a00000000000000000000000000000000000000000000000000
00000000000000000000000050000000000000000000000000000000
00000000000000000000000000000000000000000600000000000000
00000000000000000000000000000000000000000000000000000000
00000004307841410000000000000000000000000000000000000000
0000000000000000000000000
```

编码结果与 abi.encodeWithSignature 的结果一致。

27.2 ABI 解码

abi.decode 用于解码 abi.encode 生成的二进制编码，将它还原成原本的参数。

```
1 function decode(bytes memory data) public pure
2     returns(uint dx, address daddr,
```

```
3        string memory dname, uint[2] memory darray) {
4        (dx, daddr, dname, darray) = abi.decode(
5            data, (uint, address, string, uint[2]));
6    }
```

27.3   在remix上展示ABI编码和解码

我们将上一节编写的4个变量和相关函数写入合约，编译后部署。

（1）调用四种ABI编码的方法，对比输出的结果，如图27.1所示。

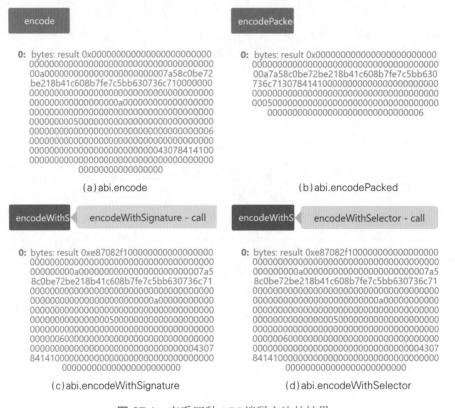

（a）abi.encode   （b）abi.encodePacked

（c）abi.encodeWithSignature   （d）abi.encodeWithSelector

图 27.1   查看四种ABI编码方法的结果

（2）将 abi.encode 编码的数据作为参数，通过 abi.decode 进行解码，如图27.2所示。

27.4   ABI的使用场景

（1）在合约开发中，ABI常配合 call 来实现对合约的底层调用。例如：

图 27.2 `abi.decode` 解码的结果

```
1 bytes4 selector = contract.getValue.selector;
2 bytes memory data = abi.encodeWithSelector(
3     selector, _x);
4 (bool success, bytes memory returnedData) =
5     address(contract).staticcall(data);
6 require(success);
7 return abi.decode(returnedData, (uint256));
```

（2）ethers.js 中常用 ABI 实现合约的导入和函数调用。例如：

```
1 const wavePortalContract = new ethers.Contract(
2     contractAddress, contractABI, signer
3 );
4 /*
5  * Call the getAllWaves method from your Smart Contract
6  */
7 const waves = await wavePortalContract.getAllWaves();
```

（3）对不开源合约进行反编译后，某些函数无法查到函数签名，可通过 ABI 进行调用。如图 27.3 和图 27.4 所示，`0x533ba33a()` 是一个对合约反编译后显示的函数，只有函数编码后的结果，并且无法查询到函数签名。

如图 27.5 所示，因为数字无法直接用作函数名，所以这种情况无法在接口或合约中直接使用函数。

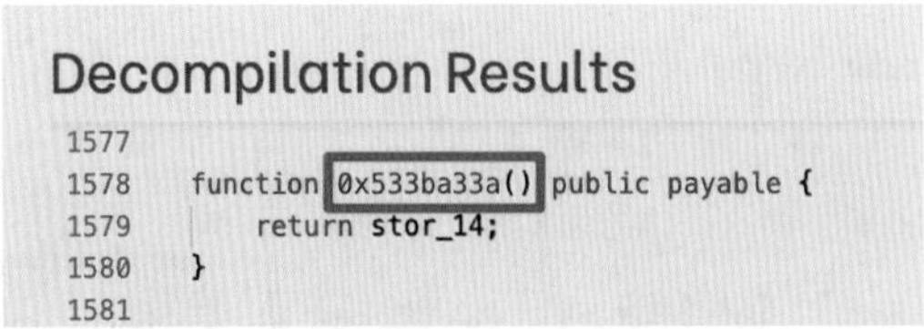

图 27.3　获得反编译后的函数

图 27.4　无法查询到原始的函数签名

图 27.5　反编译后的函数无法直接在接口或合约中使用

这种情况下，可以通过 ABI 函数选择器来调用函数：

```
1 bytes memory data = abi.encodeWithSelector(
2     bytes4(0x533ba33a));
3 (bool success, bytes memory returnedData) =
4     address(contract).staticcall(data);
5 require(success);
6 return abi.decode(returnedData, (uint256));
```

27.5　总　结

在以太坊中，数据必须编码成字节码才能和智能合约交互。这一讲我们介绍了 4 种 ABI 编码方法和 1 种 ABI 解码方法，并讨论了它们的实际用途。

第 **28** 讲

哈希函数

哈希函数（hash function）是一个密码学概念，它可以将任意长度的消息转换为一个固定长度的值，这个值也称作哈希值（hash）。这一讲我们简单介绍一下哈希函数及在 Solidity 的应用。

28.1 哈希函数的性质和应用

一个好的哈希函数应该具有以下几个特性：

（1）单向性：从输入的消息到它的哈希值的正向运算简单且唯一确定，而反过来非常难，只能靠暴力枚举。

（2）灵敏性：对输入的消息进行微小的改动，得到的哈希值改变很大。

（3）高效性：从输入的消息到哈希的运算高效。

（4）均一性：每个哈希值被取到的概率应该基本相等。

（5）抗碰撞性：

- 弱抗碰撞性：给定一个消息 x，找到另一个消息 x' 使得 hash(x) = hash(x') 是困难的。

- 强抗碰撞性：找到任意一对不同的消息 x 和 x'，使得 hash(x) = hash(x') 是困难的。

哈希函数广泛应用于现代的计算机应用，包括生成数据的唯一标识、数字签名、互联网安全加密（SSL/TLS）等。

28.2　keccak256函数

Solidity 中最常用的哈希函数是 keccak256 函数，它基于 Keccak 算法。
keccak256 函数的用法如下：

```
hash = keccak256(data);
```

其中输入参数 data 是 bytes 类型的数据，返回的 hash 是 bytes32 类型的哈希值。

1. Keccak算法和SHA-3算法

这是一段历史上的小插曲：截至本书编写之时，SHA（安全散列算法，secure hash algorithm）系列发展到了第三代，也就是 SHA-3 算法，它基于 Keccak 算法标准化而来。在很多场合下 Keccak 算法和 SHA-3 算法是同义词，但在 2015 年 8 月 SHA-3 最终完成标准化时，NIST 调整了填充算法，所以 SHA-3算法和Keccak算法的计算结果不一样。

以太坊在开发的时候，SHA-3 算法还在标准化的过程中，所以采用了 Keccak 算法。在早期版本的以太坊和 Solidity 合约中存在一个 sha3 函数，它事实上是 keccak256 函数的别名。为了防止引起混淆，在 Solidity 0.5.0 版本移除了 sha3 函数。因此现在编写 Solidity 合约代码时，直接使用 keccak256 函数即可。

2. 生成数据唯一标识

我们可以利用 keccak256 来生成一些数据的唯一标识。比如，我们有几个不同类型的数据：uint 类型、string 类型和 address 类型。在以下的代码中，我们先用 abi.encodePacked 方法将它们打包编码，然后再用 keccak256来生成唯一标识：

```
1  function hash(
2      uint _num, string memory _string, address _addr
3  ) public pure returns (bytes32) {
4      return keccak256(
5          abi.encodePacked(_num, _string, _addr));
6  }
```

执行结果如图 28.1 所示。

图 28.1 使用 `keccak256` 对数据生成唯一标识的结果

3. 弱抗碰撞性

我们用 `keccak256` 演示一下之前讲到的弱抗碰撞性，即给定一个消息 `x`，找到另一个消息 `x'` 使得 `hash(x) = hash(x')` 是困难的。

我们给定一个消息字符串 "0xAA"，预先生成其哈希值，然后尝试输入另一个消息，测试它们的哈希值是否相等：

```
1  bytes32 _msg = keccak256(abi.encodePacked("0xAA"));
2
3  // 弱抗碰撞性
4  function weak(string memory string1)
5      public view returns (bool){
6      return keccak256(abi.encodePacked(string1)) == _msg;
7  }
```

4. 强抗碰撞性

我们用 `keccak256` 演示一下之前讲到的强抗碰撞性，即找到任意一对不同的消息 `x` 和 `x'`，使得 `hash(x) = hash(x')` 是困难的。

我们构造一个函数 `strong`，接收两个不同的 `string` 类型参数 `string1` 和 `string2`，然后判断它们的哈希是否相同：

```
1  // 强抗碰撞性
2  function strong(
3      string memory string1,
```

```
4        string memory string2
5  )public pure returns (bool){
6        return keccak256(abi.encodePacked(string1)) ==
7            keccak256(abi.encodePacked(string2));
8  }
```

如图 28.2 所示，合约中的 _msg 变量存储了字符串 "0xAA" 的哈希值，并补充了一个 generate_hash 函数用于生成任意字符串的哈希值。从图中可以看到，即使是修改了一个字母的大小写，生成的哈希值也是相差千里。哈希值的强、弱抗碰撞性则通过调用 strong 和 weak 函数得到检验。

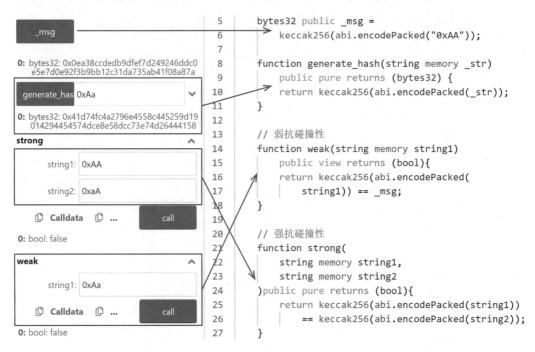

图 28.2 哈希函数的灵敏性，以及强、弱抗碰撞性

28.3 总 结

这一讲我们介绍了哈希函数的概念、性质和应用，以及如何使用 Solidity 最常用的哈希函数 keccak256。

第 **29** 讲

函数选择器

29.1　函数选择器

当我们调用智能合约时，本质上是向目标合约发送了一段 calldata 类型的数据。如图 29.1 所示，我们以第 21 讲的 OtherContract 合约为例，在 remix 中调用合约的 setX 函数后，可以在详细信息中看见 input 即为此次交易调用目标合约时发送的 calldata。

图 29.1　查看调用函数时发送的 calldata

input 数据在日志里被折叠显示，可以复制出来，其完整结果是：

```
0x4018d9aa000000000000000000000000000000000000000000000000000
    00000000000000000000000001b3
```

这段数据的前 4 个字节为函数选择器（selector）。我们已经在第 27 讲初步认识了函数选择器，这一讲我们将介绍函数选择器的具体细节和用法。

1. msg.data 全局变量

msg.data 是 Solidity 中的一个全局变量，它的值为 calldata，也就是调用函数时传入的数据。

以下代码借助 Log 事件来输出调用 mint 函数的 calldata：

```
1  // event 返回 msg.data
2  event Log(bytes data);
3
4  function mint(address to) external{
5      emit Log(msg.data);
6  }
```

当地址参数 to 设为 0x2c44b726ADF1963cA47Af88B284C06f30380fC78时，输出的 calldata 为：

```
0x6a627842000000000000000000000000002c44b726adf196
    3ca47af88b284c06f30380fc78
```

这段看起来很乱的字节码，可以分成两部分来看：

（1）开头的 4 个字节为函数选择器：

```
0x6a627842
```

（2）后面 32 个字节为输入的参数，其中前 12 个字节为用来填充的 0，后 20 个字节为地址参数 to：

```
0x0000000000000000000000002c44b726adf1963ca47af8
    8b284c06f30380fc78
```

事实上，calldata 就是在告诉智能合约，用户想要调用哪个函数，以及参数是什么。

2. method id、函数选择器和函数签名

在 Solidity 中，method id 定义为函数签名经过 keccak256 函数计算后的哈希值的前 4 个字节。当函数选择器和 method id 相匹配时，即表示调用该函数。那么什么是函数签名？

事实上,我们已经在第 21 讲接触过了函数签名。它是一个字符串,格式为"函数名 (逗号分隔的参数类型)"。例如,前面的代码中,mint 函数的签名为"mint(address)"。在同一个智能合约中,不同的函数有不同的函数签名,因此我们可以通过函数签名来确定要调用哪个函数。

注意:在函数签名中,uint 和 int 要写为 uint256 和 int256。

我们写一个函数,来验证 mint 函数的 method id 是否为 0x6a627842。大家可以运行下面的函数,看看结果。

```
1  function mintSelector() external pure
2       returns(bytes4 mSelector){
3       return bytes4(keccak256("mint(address)"));
4  }
```

运行后,结果正是 0x6a627842,如图 29.2 所示。

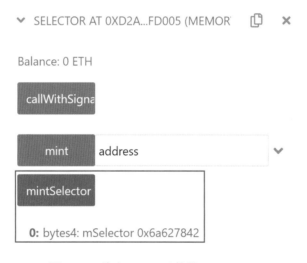

图 29.2 检查 mint 函数的 method id

3. 使用函数选择器调用函数

我们可以利用函数选择器来调用目标函数。例如,用户想要调用 mint 函数,则只需要将 mint 函数的 method id 作为函数选择器,和参数一同通过 abi.encodeWithSelector 函数打包编码,作为 calldata 传给 call 函数:

```
1  function callWithSignature() external
2      returns(bool, bytes memory){
3      (bool success, bytes memory data) =
4          address(this).call(abi.encodeWithSelector(
5              0x6a627842,
6              0x2c44b726ADF1963cA47Af88B284C06f30380fC78
7          )
8      );
9      return(success, data);
10 }
```

如图 29.3 所示，在日志中，我们可以看到 `mint` 函数被成功调用，并输出 `Log` 事件。

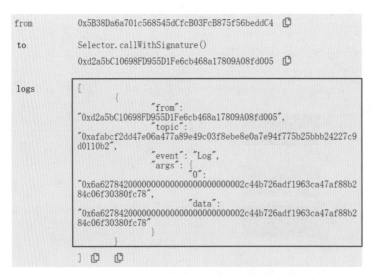

图 29.3　查看通过 selector 调用的函数输出的 Log 事件

29.2　总　结

这一讲我们介绍了什么是函数选择器，它和 `msg.data` 全局变量、method id、函数签名的关系，以及如何使用它调用目标函数。

捕获异常

我们在第 15 讲叙述了 Solidity 的异常。通常情况下，程序遇到异常则会中断运行并报错。然而并非所有异常都需要中断运行，某些异常可以通过主动捕获并处理，而不影响到整个程序的连续运行。

try-catch 是现代编程语言几乎都有的处理异常的一种标准方式，Solidity 0.6 版本也添加了它。这一讲我们将介绍如何利用 try-catch 处理智能合约中的异常。

在 Solidity 中，try-catch 只能被用在声明为 external 的函数或合约的构造函数 constructor（被自动声明为 external 函数）中。它的基本语法如下：

```
1  try externalContract.f() {
2      // call 成功的情况下，运行一些代码
3  } catch {
4      // call 失败的情况下，运行一些代码
5  }
```

其中 externalContract.f() 是某个外部合约的函数调用，try 模块在调用成功的情况下执行，而 catch 模块则在调用失败抛出异常时执行。

另外在合约本身的内部可以使用 this.f() 来替代 externalContract.f()，this.f() 也被视作为外部调用。但这种用法不可在构造函数中使用，因为此时合约还未创建。

如果调用的函数有返回值，那么必须在 try 之后声明返回值 returns (returnType val)，并且在 try 模块中可以使用返回的变量；如果是创建合约，那么返回值是新创建的合约变量。

```
1 try externalContract.f() returns(returnType val){
2     // call 成功的情况下，运行一些代码
3 } catch {
4     // call 失败的情况下，运行一些代码
5 }
```

另外，`catch` 模块支持捕获特殊的异常原因：

```
1  try externalContract.f() returns(returnType){
2      // call 成功的情况下，运行一些代码
3  } catch Error(string memory /*reason*/) {
4      // 捕获 revert("reasonString") 和
5      // require(false, "reasonString")
6  } catch Panic(uint /*errorCode*/) {
7      // 捕获 Panic 导致的错误，例如 assert 失败、溢出、除零、
8      // 数组访问越界等
9  } catch (bytes memory /*lowLevelData*/) {
10     // 如果发生 revert 且上面 2 个异常类型匹配都失败了，会进入该分支
11     // 例如 revert()、require(false)、revert 自定义类型的
12     // error
13 }
```

30.1　try-catch 实战

1. OnlyEven 合约

我们创建一个外部合约 OnlyEven，并使用 `try-catch` 来处理异常：

```
1 contract OnlyEven{
2     constructor(uint a){
3         require(a != 0, "invalid number");
4         assert(a != 1);
5     }
6
7     function onlyEven(uint256 b) external pure
```

```
8          returns(bool success){
9          // 输入奇数时 revert
10         require(b % 2 == 0, "Ups! Reverting");
11         success = true;
12     }
13 }
```

OnlyEven 合约包含一个构造函数和一个 onlyEven 函数：

（1）构造函数有一个参数 a，当 a 等于 0 时，require 语句会抛出异常；当 a 等于 1 时，assert 语句会抛出异常；其他情况均正常。

（2）onlyEven 函数有一个参数 b，允许 b 为偶数。当 b 为奇数时，require 语句会抛出异常。

2. 处理外部函数调用的异常

我们建立一个 TryCatch 合约，首先定义一些事件和状态变量：

```
1 // 成功 event
2 event SuccessEvent();
3 // 失败 event
4 event CatchEvent(string message);
5 event CatchByte(bytes data);
6
7 // 声明 OnlyEven 合约变量
8 OnlyEven even;
9 constructor() {
10     even = new OnlyEven(2);
11 }
```

SuccessEvent 是调用成功时释放的事件，而 CatchEvent 和 CatchByte 是抛出异常时释放的事件，分别对应 require/revert 和 assert 异常的情况。even 是个 OnlyEven 合约类型的状态变量。在构造函数中，我们创建 OnlyEven 合约时将参数设为 2，使得创建时不抛出异常。

然后，我们在 execute 函数中使用 try-catch 处理调用外部函数 onlyEven 中的异常：

```
1  // 在 external call 中使用 try-catch
2  function execute(uint amount) external
3      returns (bool success) {
4      try even.onlyEven(amount) returns(bool _success){
5          // call 成功的情况下
6          emit SuccessEvent();
7          return _success;
8      } catch Error(string memory reason){
9          // call 不成功的情况下
10         emit CatchEvent(reason);
11     }
12 }
```

我们在 remix 上部署 OnlyEven 和 TryCatch 合约，然后测试结果。如图 30.1 所示，当运行 execute(0) 的时候，因为 0 是偶数，满足 onlyEven 函数中 require 命令的条件，所以调用成功，没有异常抛出，并释放 SuccessEvent 事件。

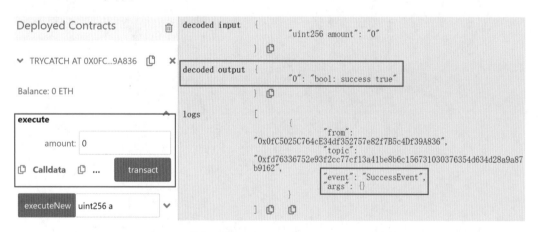

图 30.1　外部调用正常，释放 SuccessEvent 事件

如图 30.2 所示，当运行 execute(1) 的时候，因为 1 是奇数，不满足 require 命令的条件，所以调用失败，抛出的异常被 catch 捕获，并释放 CatchEvent 事件。

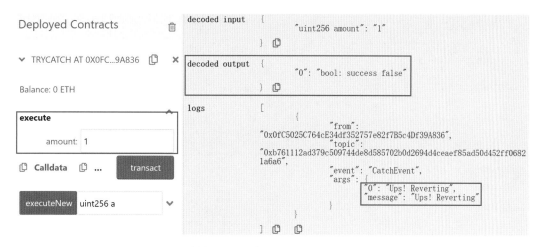

图 30.2 外部调用异常，释放 CatchEvent 事件

3. 处理合约创建中的异常

这里，我们利用 try-catch 来处理合约创建时的异常。只需要把 try 模块的内容改写为 OnlyEven 合约的创建即可：

```
1  // 在创建新合约中使用 try-catch（合约创建被视为 external call）
2  // executeNew(0) 会失败并释放`CatchEvent`
3  // executeNew(1) 会失败并释放`CatchByte`
4  // executeNew(2) 会成功并释放`SuccessEvent`
5  function executeNew(uint a) external
6      returns (bool success) {
7      try new OnlyEven(a) returns(OnlyEven _even){
8          // call 成功的情况下
9          emit SuccessEvent();
10         success = _even.onlyEven(a);
11     } catch Error(string memory reason) {
12         // catch 失败的 revert() 和 require()
13         emit CatchEvent(reason);
14     } catch (bytes memory reason) {
15         // catch 失败的 assert()
16         emit CatchByte(reason);
17     }
18 }
```

如图 30.3 所示，当运行 executeNew(0) 时，因为 0 不满足构造函数中的 require 条件，创建合约失败，并释放 CatchEvent 事件。

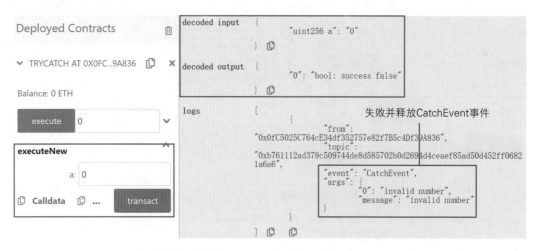

图 30.3　创建合约时抛出 require 异常，释放 CatchEvent 事件

如图 30.4 所示，当运行 executeNew(1) 时，因为 1 不满足构造函数中的 assert 条件，创建合约失败，并释放 CatchByte 事件。

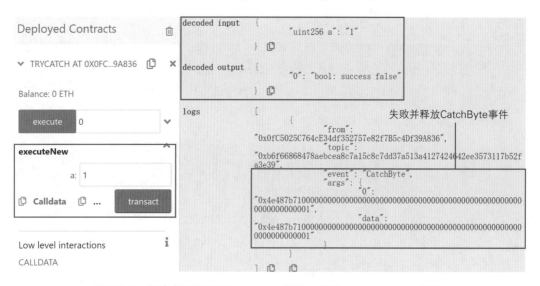

图 30.4　创建合约时抛出 assert 异常，释放 CatchByte 事件

如图 30.5 所示，当运行 executeNew(2) 时，因为 2 同时满足构造函数中的 require 和 assert 条件，创建合约成功，并释放 SuccessEvent 事件。

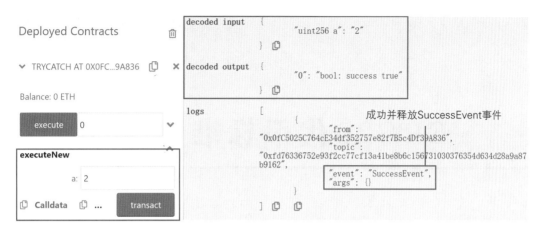

图 30.5　创建合约成功，释放 `SuccessEvent` 事件

30.2　总　结

这一讲我们介绍了如何在 Solidity 使用 `try-catch` 来处理智能合约运行中的异常。有以下两点需要注意：

（1）`try-catch` 只能用于调用合约的外部 `external` 函数，以及创建合约。

（2）如果调用的函数有返回值，那么必须在 `try` 之后声明返回值，并且在 `try` 模块中可以使用返回的变量。

ERC20代币标准和实现

A.1 ERC20代币标准

ERC20是以太坊上的代币标准，由 Fabian Vogelsteller 和 Vitalik Buterin 在 2015年11月提出。该标准规定了代币转账的基本逻辑：

- 获取账户余额。

- 转账操作。

- 授权转账操作。

- 获取代币总供给量。

- 获取代币信息（可选），包括名称、代号、小数位数。

A.2 IERC20接口合约

IERC20 是 ERC20 代币标准的接口合约，规定了 ERC20 代币需要实现的函数和事件。之所以需要定义接口，是标准的规范后给出了所有的 ERC20 代币通用的函数名称、输入参数和输出参数。在接口合约中，只需要定义函数名称、输入参数和输出参数，并不关心函数内部如何实现。函数内部的实现由具体的合约继承接口合约来编写。

1. 事 件

IERC20 接口合约定义了 Transfer 和 Approval 两个事件，分别在转账和授权时释放。

```
1  /**
2   * @dev 释放条件：当 `value` 单位的代币从账户 (`from`)
3   *        转账到另一账户 (`to`) 时。
4   */
5  event Transfer(address indexed from, address indexed
        to, uint256 value);
6
7  /**
8   * @dev 释放条件：当 `value` 单位的代币从账户 (`owner`)
9   *        授权给另一账户 (`spender`) 时。
10  */
11 event Approval(address indexed owner, address indexed
        spender, uint256 value);
```

2. 函　数

IERC20 接口合约定义了 6 个函数，提供了转移代币的基本功能，并允许代币获得批准，以便链上的第三方用户使用。

（1）totalSupply() 函数：返回代币的总供给量。

```
1  /**
2   * @dev 返回代币总供给量。
3   */
4  function totalSupply() external view returns (uint256);
```

（2）balanceOf() 函数：返回账户持有的代币余额。

```
1  /**
2   * @dev 返回账户 `account` 所持有的代币数。
3   */
4  function balanceOf(address account) external view
        returns (uint256);
```

（3）balanceOf() 函数：实现转账操作。

```
1  /**
2   * @dev 转账 `amount` 单位代币，从调用者账户到另一账户 `to`。
3   * 如果成功，返回 `true`。
4   * 释放 {Transfer} 事件。
5   */
6  function transfer(address to, uint256 amount) external
       returns (bool);
```

（4）allowance() 函数：返回授权额度。

```
1  /**
2   * @dev 返回 `owner` 账户授权给 `spender` 账户的额度，默认为 0。
3   *      当 {approve} 或 {transferFrom} 被调用时，
4   *      `allowance` 会改变。
5   */
6  function allowance(address owner, address spender)
       external view returns (uint256);
```

（5）approve() 函数：实现授权操作。

```
1  /**
2   * @dev 调用者账户给 `spender` 账户授权 `amount` 数量代币。
3   * 如果成功，返回 `true`。
4   * 释放 {Approval} 事件。
5   */
6  function transfer(address to, uint256 amount) external
       returns (bool);
```

（6）balanceOf() 函数：实现授权转账操作。

```
1  /**
2   * @dev 通过授权机制，从 `from` 账户向`to` 账户转账
3   *      `amount` 数量代币。转账的部分会从调用者的
4   *      `allowance` 中扣除。
5   * 如果成功，返回 `true`。
6   * 释放 {Transfer} 事件。
```

```
7   */
8   function transferFrom(
9       address from,
10      address to,
11      uint256 amount
12  ) external returns (bool);
```

A.3 ERC20 代币的实现

接下来，我们编写一个 ERC20 合约，简单实现 IERC20 接口合约定义的函数。

1. 状态变量

我们需要状态变量来记录账户余额、授权额度和代币信息，由以下代码实现。其中，balanceOf、allowance 和 totalSupply 为 public 类型，Solidity 会为其生成同名的 getter 函数，实现 IERC20 接口合约定义的 balanceOf()、allowance() 和 totalSupply()。而 name、symbol、decimals 对应代币的名称、代号和小数位数。

注意：用 override 关键字声明 public 变量时，其生成的 getter 函数会重写继承自父合约的同名函数。我们利用这个性质，用映射类型的 getter 函数直接实现了 balanceOf() 和 allowance() 函数。

```
1   mapping(address => uint256) public override balanceOf;
2
3   mapping(address => mapping(address => uint256)) public
        override allowance;
4
5   uint256 public override totalSupply;    // 代币总供给
6
7   string public name;    // 名称
8   string public symbol;   // 代号
9   uint8 public decimals = 18; // 小数位数
```

2. 函　数

（1）构造函数：初始化代币名称和代号。

```
1  constructor(string memory name_,
2      string memory symbol_){
3      name = name_;
4      symbol = symbol_;
5  }
```

（2）transfer()函数：重写 IERC20 中的 transfer()函数，实现代币转账操作的逻辑。调用方扣除 amount 数量的代币，接收方增加相应代币。其他 ERC20 代币的具体实现会为转账操作编写更复杂的函数，如土狗币中为 transfer()函数加入税收、分红、抽奖等逻辑。

```
1  function transfer(address recipient, uint amount)
2      external override returns (bool) {
3      balanceOf[msg.sender] -= amount;
4      balanceOf[recipient] += amount;
5      emit Transfer(msg.sender, recipient, amount);
6      return true;
7  }
```

（3）approve()函数：重写 IERC20 中的 approve()函数，实现代币授权操作的逻辑。被授权方 spender 可以支配授权方的 amount 数量的代币。spender 可以是以太坊的外部账户（EOA 账户），也可以是合约账户。例如，当用户想要通过 Uniswap 平台交易代币时，需要将代币授权给 Uniswap 平台上的合约。

```
1  function approve(address spender, uint amount)
2      external override returns (bool) {
3      allowance[msg.sender][spender] = amount;
4      emit Approval(msg.sender, spender, amount);
5      return true;
6  }
```

（4）transferFrom() 函数：重写 IERC20 中的 transferFrom() 函数，实现授权转账操作逻辑。被授权方将授权方 sender 的 amount 数量的代币转账给接收方 recipient。

```
1  function transferFrom(
2      address sender,
3      address recipient,
4      uint amount
5  ) external override returns (bool) {
6      allowance[sender][msg.sender] -= amount;
7      balanceOf[sender] -= amount;
8      balanceOf[recipient] += amount;
9      emit Transfer(sender, recipient, amount);
10     return true;
11 }
```

（5）mint() 函数：实现铸造代币的操作，不在 ERC20 标准中，但 ERC20 标准要求相关操作应当释放 Transfer 事件，并将事件的发送地址设为 0。这里作为教程的示例实现，允许任何人铸造任意数量的代币。实际应用中会在 mint() 函数中加入权限管理的逻辑，只有 owner 可以铸造代币。

```
1  function mint(uint amount) external {
2      balanceOf[msg.sender] += amount;
3      totalSupply += amount;
4      emit Transfer(address(0), msg.sender, amount);
5  }
```

（6）burn() 函数：实现销毁代币的操作，不在 ERC20 标准中。操作中释放了 Transfer 事件，将事件的接收地址设为 0。

```
1  function burn(uint amount) external {
2      balanceOf[msg.sender] -= amount;
3      totalSupply -= amount;
4      emit Transfer(msg.sender, address(0), amount);
5  }
```

A.4　发行ERC20代币

有了 ERC20 标准后，在 ETH 区块链上发行代币变得非常简单。现在，我们发行属于我们的 WTF 代币。

（1）我们在 remix 上编译好 ERC20 合约，在部署界面输入构造函数的参数，将参数 name_ 和 symbol_ 都设为"WTF"，然后点击"transact"按钮进行部署，如图 A.1 所示。

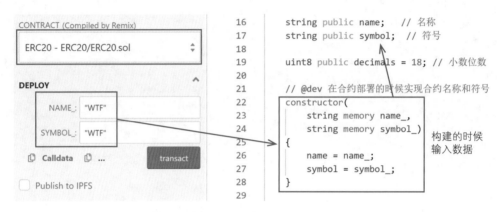

图 A.1　设定参数并部署 ERC20 合约

（2）部署合约后，通过调用合约的 mint() 函数铸造一些代币。如图 A.2 所示，在已部署的 ERC20 合约界面中，为 mint() 函数设置参数 100，点击"transact"按钮。

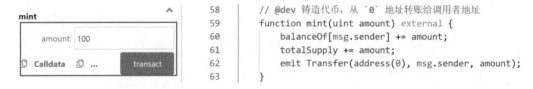

图 A.2　调用 ERC20 合约的 mint() 函数

如图 A.3 所示，调用成功后，在 log 信息中可以找到 mint() 函数释放的 Transfer 事件，里面包含以下四个关键信息：

- 事件类型 Transfer。

- 铸币地址 0x0000000000000000000000000000000000000000。

- 接收地址 0x5B38Da6a701c568545dCfcB03FcB875f56beddC4。

- 代币数额 100。

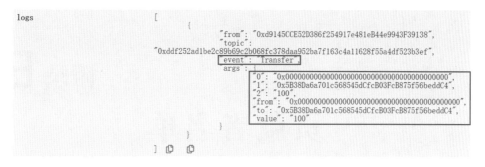

图 A.3　查看 `mint()` 函数释放的 `Transfer` 事件

（3）调用 `balanceOf()` 函数查询账户余额的结果。如图 A.4 所示，函数返回 100，显示我们成功铸造了 100 个 WTF 代币。

图 A.4　查看 `mint()` 函数释放的 `Transfer` 事件

A.5　总　结

这一讲我们学习了以太坊上的 ERC20 标准及其实现，并且发行了我们的测试代币。2015 年底提出的 ERC20 代币标准极大地降低了在以太坊上发行代币的门槛，开启了首次发行代币（ICO）的时代。

我们在这一讲编写的代码仅仅实现了基本的逻辑，没有对地址和转账数量等进行仔细的校验，这会带来很大的风险。用户可参考 OpenZeppelin 组织实现的 ERC20 标准相关合约，为这一讲编写的代码增加安全性，并实现更多功能。

贡献者名单

AmazingAng	JustinAsdz	SunWeb3Sec	EasyChris
seasidejuvenile666	quantum-proof	ShuxunoO	cjh20000613
Rulesbreaker	0xkookoo	jie1789	0xc25fee20
Hongchenglong	Azleal	HuiTaiLa	wishucry
buttonwild	alphafitz11	hotsjf	Lokiscripter
XiaoYao-0	lcy101u	reborn-sama	u-u-z
0x0918	finn79426	zhiyuan2007	x-player-001
tangminjie	FlyingShuriken	0x3c	xxycfhb
y4000	yeecai	shifenhutu	Hendry5479
Cat2Boy	charliex2	kkthmyh	lilyang1989
0xtangping	zhouxianyuan	ISheepp	busyDecoding
iavl	hubingliang	Berwin77	DNCBA
PinelliaC	qiweiii	RoyHonChain	ShawnQiang1
auroraug	cheng521521	0x4E33	magiconch
shao-shuai	Silence-dream	Ha2ryZhang	MuHongWeiWei
sdfgsdfsdf	LIPUU	AeroXi	BoZhao1992
C91F37	Icarus9913	Ifdevil	eltociear
jeasonstudio	joeyzone	Lee-TC	thurendous
shimmeris	lxhyl	LaoBan-ywcm	wankhede04
XdpCs	yanboishere	ben46	auzncn
beihaili	chad779	twcctop	chrisguox
Eanam	gasolin	isaacyuno	itLeeyw
shadowDragons	0xKaso	cellur	Skytrc
LIYANG-UST	luchenwei9266	lujetliu	lzxeth
mookim-eth	muzzby	hitcxy	CryptoRbtree
run-digitalx	samaritanz	SweetLoverFT	yechanggui
w7849516230	wyn77	l0ve1o14	